社会的合意形成の
プロジェクトマネジメント

桑子敏雄 著

コロナ社

はじめに

　本書は,「社会的合意形成をどのように進めればよいか」ということを主題とする.

　「合意形成」とはなにか.それは文字通り,「合意を形成すること」である.言い換えれば,「合意が成り立っていない状態」から「合意が成り立った状態」へ至るプロセスを導くことである.

　合意形成には,特定の人びとの間での合意形成,いわば閉じた合意形成と,不特定多数の人びとが関係する合意形成,いわば開かれた合意形成がある.

　いわゆる公共事業などでの話し合いで,話し合いのプロセスが社会に開かれている合意形成を「社会的合意形成」と呼ぶ.社会的合意形成とは,不特定多数の人びととの間で合意を形成することであり,社会の直面する問題を人びとの話し合いによって解決するためのプロセスである.したがって,対立している人びとの意見を合意へと導くプロセスであるということもできる.この手続きは,同じ仕事を繰り返す定常的な業務とは対照的に,スタートからゴールをめざすプロセス,その事業固有の目標を達成するためのプロセスであるから,プロジェクトであると考えなければならない.プロジェクトが円滑に進むようにするための作業は,プロジェクトマネジメントといわれるから,社会的合意形成を進めることは,合意のないスタート地点からはじめて,合意というゴール地点へと至るプロセスをプロジェクトとしてマネジメントすることである.そこで,本書の題名を「社会的合意形成のプロジェクトマネジメント」とした.

　社会的合意形成のプロジェクトマネジメントを本書で論じる社会的背景には,つぎのような事情がある.

　20世紀後半に行われた多くの公共事業,例えば,高速道路をはじめとする道路整備,ダム建設や河川改修工事,海岸や湖沼の干拓,海岸の護岸整備など

は，関係地域の人びとの生活を根本から変えてきた。事業の影響を直接受ける地域住民や自然環境への悪影響を懸念する環境保護団体は，国や県，地方自治体が行う事業の進め方に対し厳しい批判を行った。

社会基盤整備は，事業の進め方によっては，地域に深い亀裂をもたらすこともあった。事業に対する賛成派（推進派）と反対派（慎重派）の間に深い溝ができ，地域そのものの崩壊にもつながったのである。人びとは行政に対し，また住民どうしの間で，不信感と感情的な敵対のなかにそれぞれの人生を送ることになった。

行政主導の，いわば20世紀型の事業主体では，事業者の決定した計画が突然マスコミによって報道されることで，影響を受ける住民や関係する市民が寝耳に水と驚愕し，反対運動を展開するといったことも多く見られた。あるいは，不注意な事業の推進手続きによって，ボタンのかけ違いが起き，不明瞭な情報の発信によって藪の中，蚊帳の外といった批判が起きた。

他方，まちづくりや地域づくり，さらには，地方創生など，地域が主体となって行う事業では，必ずしも対立，紛争にはならない場合でも，関係する人びとの意見がばらばらで，関係者の総意をまとめることができず，せっかくの地方活性化の機会を逃してしまうという事態も生じている。

本書のなかで事例として取り上げたのは，わたし自身が合意形成の当事者としてかかわった事業で，ダム建設や河川改修，海岸侵食対策，道路整備，まちづくり，農業・観光振興による地域づくり，景観整備，森林管理の計画策定など多様である。それらの事業の主体は，国，県，市町村など，政府機関や地方自治体だけではなく，市民主体の事業や活動も含まれている。これらはどれも多様な関係者がさまざまな意見をもち，対立，紛争の渦中にあるか，あるいは対立，紛争に落ち込むリスクをもつ事業であった。

わたしは，こうした事業の推進過程に参加するという貴重な経験をもつことで，本書に述べる社会的合意形成の技術の熟成と理論化を行った。理論化での成果は，合意形成論とプロジェクトマネジメント論との統合である。

本書では，まず合意形成とはなにか，社会的合意形成とはなにかということ

について解説する．つぎに社会的合意形成とプロジェクトマネジメントの統合について論じる．ついで，社会的合意形成を推進するためのプロジェクト・チームの編成，さらに，合意形成の設計，運営，進行の具体的な内容について説明した後，社会的合意形成に含まれる倫理的な問題や社会的合意形成を推進するうえで遭遇するさまざまなリスクについて述べる．

　本書は，社会的合意形成に従事する人びと，特に社会基盤整備の事業主体である行政，地域づくりにかかわる市民団体，NPOの人びと，社会的合意形成について学ぼうとしている研究者や学生，社会的合意形成についての研修を企画している組織や団体および担当者，あるいは事業の影響を受ける住民や市民などを対象に書かれている．また，国土交通省の国土交通大学校での土木技術研修，コミュニケーション技術研修，地域活性化研修，海岸研修などで行った講義，およびJICA研修での講義の内容も含んでおり，大学での授業や各種組織・団体での研修テキストとしても用いることができるように工夫した．

　本書が，「社会的合意形成」の重要性を認識し，またその思想と技術を社会に広めたいという同じ志をもつ人びとに少しでも役に立つことがあれば，著者として，これにまさる喜びはない．

2015年12月

著者しるす

目　　次

1章 合意形成

1. 人間社会には，意見の対立が存在する ………………………………… *1*
2. 合意形成は，話し合いによって対立，紛争を解決する ……………… *2*
3. 合意形成は，人びとが対立，紛争の苦痛から抜け出る手助けをする ……… *2*
4. 合意形成は，問題解決のプロセスである ……………………………… *3*
5. 合意形成は，妥協や譲歩ではない ……………………………………… *4*
6. 合意形成は，調停ではない ……………………………………………… *4*
7. 「合意形成」は，問題解決のための魔法の呪文ではない …………… *5*
8. 紛争回避と紛争解決のための合意形成がある ………………………… *5*
9. 合意形成は，対立が顕在化していない場合にも有効である ………… *6*
10. 合意形成には，つらい合意形成と楽しい合意形成とがある ………… *7*
11. 合意形成は，対立する人びとが意見を変えて同じ意見をもつことである ……………………………………………………………………… *9*
12. 合意形成は，一つの正しい答えではなく，よりよい答えを求める ……… *10*
13. 合意形成では，多数決を採用せず，全員一致をめざす ……………… *10*
14. 合意形成には，多様な意見の存在が不可欠である …………………… *11*
15. 合意形成では，少数意見を大切にする ………………………………… *11*

2章　社会的合意形成

1. 社会的合意形成とは，不特定多数のステークホルダーによる合意形成である ……………………………………………………………………… *12*
2. 社会的合意形成は，創造的なプロセスである …………………………… *12*
3. 社会的合意形成は，開かれた話し合いによって進められる …………… *15*
4. 社会的合意形成は，協働的・創造的な努力を通じて決断に至るプロセスのマネジメントである ……………………………………………… *17*
5. 社会的合意形成とは，問題解決を図るための関係者による民主的な話し合いの努力である ……………………………………………………… *17*
6. 社会的合意形成のプロセスは，行政と市民が民主主義を学ぶ絶好の学校である ……………………………………………………………………… *18*
7. 関係者が直接話し合う社会的合意形成は，議会の間接民主主義的手続きとは異なる ……………………………………………………………… *19*
8. 社会的合意形成では，「寝ている子を起こす」 ………………………… *19*
9. 社会的合意形成は，現実の複雑性と変化および地域性の違いに対応する ………………………………………………………………………… *20*
10. 社会的合意形成では，制度と技術と人を認識する必要がある ………… *23*
11. 社会的合意形成では，市民と行政の合意形成だけでなく，行政機関間，行政組織内部，あるいは市民どうしの合意形成もあわせて考える ……………………………………………………………………………… *26*
12. 社会的合意形成では，社会基盤整備に対する社会的ニーズの変化に対応する ………………………………………………………………………… *29*
13. 社会的合意形成技術の必要性は，地方の重視，地方分権，地域創生と関係する ……………………………………………………………………… *30*

3章　社会基盤整備と社会的合意形成のプロジェクトマネジメント

1. プロジェクトとは，唯一的な成果物，サービス，結果をつくり出すために企図された時限的な作業である ……………………………… 31
2. 社会基盤整備には，定常業務とプロジェクトとがある ……………… 31
3. 社会的合意形成は，一つのプロジェクトである ……………………… 32
4. 参加型の社会基盤整備は，事業のプロジェクトと合意形成のプロジェクトの両方のマネジメントを含む ………………………………… 32
5. 社会的合意形成は，プロジェクトマネジメントを必要とする ……… 34
6. 市民・住民参加を進めるためにもプロジェクトマネジメントの視点が必要である ……………………………………………………………… 36
7. 社会的合意形成は，一つの社会技術である …………………………… 36
8. 社会的合意形成には，技術が必要である ……………………………… 37
9. 社会的合意形成をうまく進めるには，社会的合意形成の知識と技術をもつコンセンサス・コーディネータが必要である ………………… 38
10. 社会的合意形成のマネジメント技術には「知っている」「わかっている」「できる」の3段階がある …………………………………… 38
11. コンセンサス・コーディネータには，理論，技術，経験が必要である ………………………………………………………………………… 39
12. コンセンサス・コーディネータは，きわめて困難な合意形成があることも認識しておかなくてはならない ……………………………… 40

4章　社会的合意形成のプロジェクト・チーム

1. プロジェクトマネジメントは，チームで行う …………………………… 41
2. プロジェクト・チームは，プロジェクトを設計，運営，進行する …… 46

3. プロジェクト・チームは，プロジェクトの目標管理および作業領域管理を行う ……………………………………………………………… 48
4. プロジェクト・チームは，プロジェクトのライフサイクル管理を行う ……………………………………………………………………… 49
5. プロジェクト・チームは，合意に至るために必要な項目についての議論を後戻りさせないためのフリーズポイントを明確にする ………… 50
6. プロジェクト・チームは，プロジェクトの開始に先立って結成され，プロジェクトの終了とともに解散する ……………………………… 50
7. プロジェクト・チームには，柔軟なプロセス管理とプロジェクトの状況変化への姿勢が求められる ………………………………………… 52
8. よいプロジェクト・チームには，多彩なメンバーが求められる ………… 53
9. よいプロジェクトには，チームワークに積極的なチーム・メンバーが必要である …………………………………………………………… 54
10. プロジェクト・リーダーが，プロジェクトマネジメントを統率する …… 56
11. プロジェクトマネジメントには，プロジェクト・アドバイザーが必要なケースもある ………………………………………………………… 57
12. プロジェクトマネジメントは，プロジェクトマネジメント会議によって推進される ……………………………………………………………… 58
13. プロジェクト・チームは，プロジェクト推進において明確な時間意識をもたなければならない ……………………………………………… 58
14. プロジェクト・チームは，プロジェクト推進において歴史意識をもたなければならない ……………………………………………………… 59
15. プロジェクトには，長期的な時間管理が不可欠である ………………… 60
16. プロジェクト・チームは，プロジェクトの推進を阻害する要因についてつねに考慮し，対策を考えなくてはならない ……………………… 61

5章 社会的合意形成の設計

1. プロジェクト・チームは，合意を形成するための諸要素を検討し，目標を定めて，合意形成の工程表を作成する ……………… 62
2. プロジェクト・チームは，合意形成の目標および作業領域を明確にする ……………… 63
3. プロジェクト・チームは，合意形成プロセス構築の目標を定めるために，コンフリクト・アセスメントを行う ……………… 64
4. プロジェクト・チームは，ステークホルダーを特定する ……………… 65
5. サイレント・マジョリティもステークホルダーである ……………… 68
6. プロジェクト・チームは，ステークホルダーとしての住民と市民の違いを知る ……………… 70
7. プロジェクト・チームは，ステークホルダーの意見とともに，意見の理由を分析する ……………… 73
8. 意見の理由とは，意見の背後にあるインタレストのことである ……………… 74
9. 意見の理由の分析には，理由の由来の分析が必要である ……………… 75
10. コンフリクト・アセスメントは，ステークホルダー分析とインタレスト分析によって行われる ……………… 77
11. コンフリクト・アセスメントには，「ふるさと見分け」と呼ぶフィールドワークも有効である ……………… 77
12. プロジェクト・チームの把握すべき主要なステークホルダーの数は，100程度を基礎とする ……………… 80
13. プロジェクト・チームは，コンフリクト・アセスメントにもとづき，合意形成から意思決定に至る全過程を設計する ……………… 81
14. プロジェクト・チームは，合意に向けた話し合いのスケジュールを決定し，工程表を作成する ……………… 84
15. プロジェクト・チームは，招集の方法を決定する ……………… 84

16. プロジェクト・チームは，合意を形成するための会議形式・討論形式の選択，あるいは，それらの組み合わせを決定する ……………… 86
17. ワークショップ形式の話し合いは，開かれた話し合いでは特に有効である ……………………………………………………………………………… 87
18. プロジェクト・チームは，話し合いの会場を選択する ……………… 88
19. プロジェクト・チームは，ファシリテータおよびファシリテータ・チームを決定する ………………………………………………………… 90
20. プロジェクト・チームは，集会のプログラムを設計する …………… 90
21. プロジェクト・チームは，話し合いのルールをつくり，提案する …… 92
22. プロジェクト・チームは，コミュニケーション管理を行う ………… 94
23. プロジェクト・チームは，広報管理，マスコミ対応を行う ………… 95
24. プロジェクト・チームは，ドキュメンテーションを行う …………… 96
25. プロジェクト・チームは，情報開示・アカウンタビリティの方法を選択する …………………………………………………………………… 97
26. プロジェクト・チームは，事業のアカウンタビリティを果たすためのトレーサビリティを工夫する ……………………………………… 97
27. プロジェクト・チームは，合意形成プロセスにおけるリスクマネジメントを行う …………………………………………………………… 98
28. プロジェクト・チームは，形成された合意を事業の意思決定に反映させる …………………………………………………………………… 99

6章　社会的合意形成の運営

1. 社会的合意形成の運営は，プロジェクトのスケジュール全体のマネジメントと，具体的な話し合いの運営の二つからなる ………………… 103
2. プロジェクト・チームは，社会的合意形成の推進にあたって，プロジェクトマネジメント会議を開催する ……………………………… 103

3. プロジェクトの円滑な継続には，プロジェクト・メンバーの知識と情報，関係者との信頼関係，事業に対するモチベーション（熱意）が継承されているかをつねにチェックする必要がある ……… *104*

4. プロジェクト・チームは，プロジェクトの進行にともない，フェーズとステージについて確認する ……… *104*

5. プロジェクト・チームは，プロジェクトのフェーズとステージを考慮し，フリーズポイントを確認する ……… *105*

6. プロジェクト・チームは，どのような形で合意が形成されたかの判断を行い，また，形成された合意がどのように事業の意思決定に反映されるかを確認する ……… *105*

7. プロジェクト・チームは，プロジェクト全体のスケジュールをふまえて，そのつどの話し合いを運営する ……… *106*

8. プロジェクト・チームは，話し合いの会場を設営し，合意形成の運営を行う ……… *106*

9. プロジェクト・チームは，空間的協働行為としての話し合いを実現する ……… *107*

10. プロジェクト・チームは，コミュニケーション空間のデザインを行う ……… *107*

11. プロジェクト・チームは，間接コミュニケーションを工夫する ……… *108*

12. プロジェクト・チームは，話し合いに用いる資料を工夫しておく ……… *109*

13. 言葉だけでなく，図や表，絵を用いてわかりやすい資料をつくる ……… *110*

14. 模型を用いることも話し合いの推進に役立つ ……… *110*

15. プロジェクト・チームは，話し合いを促進するための道具を工夫，用意する ……… *111*

16. 付箋，模造紙，サインペンは，「ワークショップの三種の神器」であり，付箋には，さまざまな機能がある ……… *112*

17. プロジェクト・チームは，適宜，フィールドワークを行う ……… *113*

18. プロジェクト・チームは，そのつどの話し合いに先立って，メンバー会議を開催する ……………………………………………………… *114*
19. プロジェクト・メンバーは，話し合いの開始時と終了時での参加者の表情を観察する ……………………………………………………… *114*
20. プロジェクト・メンバーは，コミュニケーションのための雰囲気づくりに努力する ……………………………………………………… *114*
21. プロジェクト・メンバーは，話し合いに先立って，会場が適切に設営されているかを確認する ……………………………………… *115*
22. プロジェクト・メンバーは，マスコミへの対応を行う ……………… *115*
23. プロジェクト・チームは，話し合いの反省会を必ず行い，その成果を確認するとともに，つぎの話し合いの課題を共有する ………… *116*

7章　社会的合意形成の進行

1. 合意形成の進行は，ファシリテータが行う ……………………………… *117*
2. ファシリテータは，話し合いの参加者が話し合いの目標を共有できるように工夫する ……………………………………………………… *118*
3. ファシリテータは，話し合いの会場全体に配慮し，発言者の意見を参加者全員が理解できるようにする ……………………………… *119*
4. ファシリテータは，参加者の意見とともに意見の理由についての情報の共有を進める ………………………………………………………… *120*
5. ファシリテータは，問題をインタレストによって再定義する ……… *120*
6. ファシリテータ・チームは，ファシリテータ，サブ・ファシリテータ，記録係で構成する ……………………………………………………… *121*
7. ファシリテータは，話し合いの参加者すべてに敬意をもつ ………… *121*
8. ファシリテータは，創造的な話し合いを心がける …………………… *122*
9. ファシリテータは，意見を批判，陳情から提案へと変換する ……… *123*
10. ファシリテータは，つねに建設的な語り返しを心がける …………… *123*

11. ファシリテータは，ワークショップの道具を上手に用いる ………… *124*
12. ファシリテータは，自分の表情をつねに意識する ………………… *124*
13. ファシリテータは，自分の語り口にも気をつける ………………… *125*
14. ファシリテータは，話し合いの内容を記録しやすいように進行する
 ……………………………………………………………………………… *125*
15. ファシリテータは，ラウドスピーカーを上手に抑制する ………… *126*
16. ファシリテータは，タテマエを尊重する …………………………… *126*
17. ファシリテータは，中立公正でなければならない ………………… *127*

8章　社会的合意形成の倫理

1. 社会的合意形成に従事する者は，倫理的課題を自覚しなければならない ……………………………………………………………………… *128*
2. 社会的合意形成に従事する者は，人間の不幸の原因としての対立，紛争を解決しようとする強い意志をもたなければならない ………… *129*
3. 社会的合意形成に従事する者は，公共性についての理解をもち，「新しい公共」について理解を深める ………………………………… *129*
4. 社会的合意形成に従事する者は，合意形成のプロセスについてアカウンタビリティをもつ ………………………………………………… *130*
5. 社会的合意形成に従事する者は，つねに正義について考える ……… *133*
6. 社会的合意形成に従事する者は，合意形成の過程で事業を支持し，かつ制約する法令を遵守しなければならない ……………………… *133*
7. 社会的合意形成に従事する者は，合意形成のプロセスにおける手続きの公正さ・公平性を確保し，公明正大なプロセスを構築する ……… *134*
8. 社会的合意形成に従事する者は，話し合いでの判断と意思決定の機会を公正，公平にするための情報開示と情報共有を進め，公開性と透明性を確保する ………………………………………………………… *134*

9. 社会的合意形成に従事する者は，ステークホルダーにおける「インタレストのコンフリクト」に関心をもたなければならない ……………… 135
10. 社会的合意形成に従事する者は，社会的責任を自覚しなければならない ……………………………………………………………………… 136
11. 社会的合意形成に従事する者は，ステークホルダー間の信頼関係の構築に努力する …………………………………………………… 136
12. 社会的合意形成に従事する者は，環境への強い意識をもつようにする ……………………………………………………………………… 137
13. 社会的合意形成に従事する者は，景観に強い関心をもたなければならない ……………………………………………………………… 139
14. 社会的合意形成に従事する者は，実行可能な正義の感覚をもたなければならない ……………………………………………………… 140

9章 社会的合意形成のリスクマネジメント

1. 合意形成プロセスにおけるリスクマネジメントへの対応 …………… 141
2. プロジェクトの設計，運営にかかわるリスク ……………………………… 142
   ボタンのかけ違い／寝耳に水／蚊帳の外／「寝ている子を起こすな」／計画ありき／結論ありき／見切り発車／先延ばし・先送り／ガス抜き／前のめり／アリバイづくり／御用会議・御用学者／お墨つき／免罪符／組織的動員／やらせ／なし崩し／抱き込み／囲い込み／切り崩し／丸め込み／前例踏襲主義／分割統治／空中戦／天の一声／鶴の一声／「上から目線」／巻き込み／タテワリ・ヨコワリ／ナワバリ／異動／ヤマタノオロチ／責任のなすり合い／権力・権限だけのリーダー／セレモニー／「ご理解」連呼／カモフラージュ／お飾り／壁の花／資料棒読み担当者／挨拶用カンペ
3. 合意形成の運営に関するリスク ………………………………………………… 154
   堂々めぐり／ふり出し／平行線／水かけ論／蒸し返し／なあなあ／うやむや／骨抜き／議事要録・議事要旨／角を丸める事務局／たらい回し／門前払い／いいっぱなし・聞きっぱなし

4. 合意形成のファシリテーションに関するリスク ················ 156
　　　　どちらか寄り進行役／当てるだけ進行役／優柔不断進行役
　　5. コミュニケーション・リスク ································ 157
　　　　秘密主義／秘密会合・密室協議／やり玉／つるし上げ／ごり押し／
　　　　黒塗り・白抜き資料／ぼかし・カット／デマ情報監視
　　6. 合意形成のステークホルダーに関するリスク ·················· 159
　　　　チーム崩壊／引き継ぎ／お役所仕事／「前例にありません」／
　　　　異動待ち顔担当者／マニュアル・シナリオ信奉者／
　　　　現場認識なし・経験なしのトップ／隠蔽体質／推進派だけ勉強会／
　　　　対策会議熱心役人／弱腰担当窓口／科学的・客観的データ信奉事業者／
　　　　「検討させていただきます」・「参考にさせていただきます」／お膳立て／
　　　　冷ややか様子見隣の部署／指示待ちコンサル／一般競争入札／
　　　　科学的・客観的データ一点ばり学者／住民・市民見下しエリート／
　　　　専門知識ふりかざし有識者／恫喝学者／サイレント・マジョリティ／
　　　　市民代表詐称市民／行政つるし上げ快楽派／行政不信皮肉たらたら派／
　　　　行政的市民仮面／政治的市民仮面／途中参加プロセスどうでもいい派／
　　　　最後の最後に一発逆転表明派／もぐらたたき／足の引っぱり合い／
　　　　責任回避代表者／頑固一徹自己主張派／マイクを握って離さない人／
　　　　ラウドスピーカー／ワークショップ症候群／いいっぱなし匿名希望者／
　　　　傍聴席外弁慶／有力者べったり派・有力者顔色うかがい派／素人専門家／
　　　　環境正義の味方／定年後正義の味方／情報不足連呼派／潜在的因縁対立／
　　　　嫉妬・羨望・怨恨／五重苦
　　7. マスコミ・情報リスク ······································ 168
　　　　事件お好みデスク／若手不勉強記者／シナリオ事前用意記者・想定記事持
　　　　参記者

付　　録 ·· 170
　付録A. 著者が従事した事業一覧 ·· 170
　付録B. 一般社団法人コンセンサス・コーディネーターズの仕事 ·········· 174
参　考　文　献 ··· 176
お　わ　り　に ··· 178
索　　　　　引 ··· 182

1章 合 意 形 成

1 人間社会には，意見の対立が存在する

　人びとの間に意見の違いが生じることは，人間が言葉によってコミュニケーションを行う社会的な存在である以上，当然のことであり，生じた意見の違いが対立に至ることも日常的な出来事である。

　家庭や学校，会社や行政組織，地域社会，さらに国際社会には，多くの対立や紛争が存在する。人間が社会的存在であり，また，言葉をもつ存在であることから，対立，紛争は主として言語的な対立・紛争の形をとるが，紛争が悪化すると，言葉の上だけでなく，行動による衝突となり，ついには暴力の行使へと至る。

　多様な意見が存在していても，必ずしも対立に至るわけではない。しかし，意見の違いが顕在化し対立に陥ることも，こじれて深い紛争へと至ることもある。人びとの間の対立が深まり，紛争へと至ることは，人間にとって大きな不幸である。意見の違いが対立となり，対立が紛争に至る過程で，関係者の間には不信感が蓄積していく。不信感が深まれば深まるほど，話し合いそのものが難しくなり，解決は困難になる。対立と紛争が長引いて日常化すると，関係者の日常生活にも大きな影響を及ぼす。人間関係を基礎にしなければならない仕事や作業の円滑な運営も滞るようになる。

　対立と紛争は，対立の渦中にある個人にとっても，地域社会にとっても，あるいは，社会全体にとっても苦痛であり，不幸の原因である。紛争による苦痛

と不幸の回避のための問題解決には，関係者間の信頼関係を基礎にした話し合いが不可欠である。

2 合意形成は，話し合いによって対立，紛争を解決する

合意形成とは話し合いによって合意を形成することである。言い換えれば，いろいろな意見をもつ人びとが存在し，かつ，それらの人びとの意見の間に一致を見出す必要がある場合，話し合いを通して意見がまとまっていない状態から意見の一致を見た状態をつくり出すプロセスである。

3 合意形成は，人びとが対立，紛争の苦痛から抜け出る手助けをする

合意形成には，対立と不信による不満，怒り，憎悪，あるいは合意によって回復される信頼や満足といったさまざまな感情が深くかかわっている。合意を形成することは，関係者の満足を実現する活動であり，人びとが不幸な状況から抜け出ることを助ける活動ということができる。

したがって，合意形成は，対立から合意へ，不信から信頼へ，不満から満足へ，怒りから融和へという変化を実現する活動であり，また，その活動のための技術である。

【事例1】　城原川流域委員会（巻末の**付図1**中の**2**）は，筑後川水系の城原川に計画されている城原川ダムの是非を議論するための委員会であった。わたしは，2003〜2004年に開催されたこの委員会に，合意形成の専門家として参加した。その過程で，ダムが計画されている隣接する二つの地区を訪問し，住民から直接意見を聞くことがあった。地域の人びとが一堂に集まったところで意見を聞きたいと思ったが実現できず，ダム賛成派と反対派は一緒には意見をいえないということで，個別に意見を聞くことになった。地域内の人びとが

賛成派と反対派の対立に陥ってしまった状況が30年以上も続いたために，地域は深い対立のなかにあり，意見を異にする人びとが同席して話をすることができなかったのである。ある住民は，「わたしの人生の30年は悪い空気のなかにありました」と語った。この言葉は，対立，紛争が日常化することがいかに地域の人びとを不幸に陥れるかを物語っている。

　一般に，ダム建設での合意形成の難しさの理由は，建設を推進する事業主体と地域との対立が生じるだけでなく，地域のなかに深い対立がもち込まれることである。地域の深い対立は，地域のなかの意見の違いから生じることもある。しかし，過去の事業では，事業主体による意図的な反対派住民の切り崩しが行われたこともある。切り崩しとは，意図的に対立するよう仕向け，事業に都合のよい人びとを反対する人びとから切り離すことである。

　深い感情的なしこりが地域に残されると，蓄積された深い対立と不信を克服して関係者すべてを満足のいく合意に導くことは至難のわざとなる。わたしが合意形成の実践的研究を志したのは，こうした不幸な事態を解決する社会的な技術としての合意形成に注目したからである。

4　合意形成は，問題解決のプロセスである

　合意形成は，話し合いによって問題を解決するプロセスである。合意形成のプロセスを実現するためには，対立・紛争の構造を認識し，問題を明確にしたうえで，解決のための道筋を設計，運営し，また解決のための話し合いを進行しなければならない。

　合意形成は，対立・紛争の現場で問題をどのように解決するかという課題に応える方法であるから，合意形成の方法や技術を求めることの根底には，具体的な対立の現場において，この状況で合意を実現できる過程をどのように構築すれば，紛争を解決に導くことができるか，あるいは，紛争に至る事態は避けられるのか，という問題意識が存在しなければならない。この現場感覚を欠いては，社会的合意形成の課題の本質をとらえることはできない。

他方，現場での経験をもつだけでなく，どのような方法によって問題を解決したのか，また解決できたのはなぜか，どのような方法と考え方によってなのかという問題意識に立って，合意形成を一つの社会技術として確立する努力もまた重要である。すなわち，経験と理論のどちらもが合意形成には必要である。

5　合意形成は，妥協や譲歩ではない

「合意形成をすれば，問題は簡単に解決する」という楽観的な主張や，反対に「合意形成というのは，要するに妥協にすぎず，妥協できない状況では，合意は不可能だ」といった悲観的・懐疑的な意見が一般的に見られるが，このような意見は，合意形成についての根本的に誤った認識にもとづいている。

合意形成は，単なる妥協や譲歩の方法ではない。対立する複数の案のどれか一つを採用することでもなく，それらの折衷案をとることでもない。合意形成は対立する選択肢をふまえて，その対立構造を克服するための新しい選択肢をつくり出す創造的な努力である。

6　合意形成は，調停ではない

調停とは，対立・紛争関係にある当事者の間に第三者が入り，紛争の解決を図ることであり，調停も話し合いで進められる問題解決法の一つである。しかし，本書で論じようとする合意形成は，より広い手続きである。調停の結果はいわゆる和解であるが，合意形成には，和解よりも創造的な意味が含まれる。

ダムの建設是非のように○か×かといった二者択一的な選択の場合には，最終決定案について創造的な解決案を示すことが難しい場合もある。しかし，このような場合でも，最終的な決定に至るためのプロセスについての合意形成であれば，創造的な解決というものがありうる。「これだけきちんとした手続きをふんでみんなで決定したのだから，最終案に従うほかはない」という考えに

至ることができるような手続きをふんだ合意形成が重要である。

7 「合意形成」は，問題解決のための魔法の呪文ではない

　合意形成は，現代社会の諸問題を解決するための技術であり，その技術の行使である。合意形成の技術をもつことは，現代社会のニーズである。

　多くの紛争では，合意を形成するための手続きをきちんとふんでいないケースが多い。関係者に合意形成の必要性の認識がなかったり，合意形成の技術をもっていなかったり，あるいは，合意形成の技術をもつ人びとと協働することができなかったりするからである。

8 紛争回避と紛争解決のための合意形成がある

　紛争の回避のための合意形成と紛争解決のための合意形成では，その取り組み方，プロセス，結果もそれぞれ異なったものとなる。合意形成は，対立が紛争に陥る以前に行われる場合には，紛争回避の手段となる。

　他方，対立が紛争になってしまったときには，紛争回避のための合意形成とは異なった手続きを必要とする。なぜなら，すでに発生してしまった紛争の解決のための合意形成には，膨大な精神的エネルギーや大きなコストと長い時間を必要とするからである。

　紛争が深く個人のライフヒストリーにまで染み込んでいて，憎悪や怨恨など，深い感情的な領域にまで届いている場合には，紛争を解決することは非常に困難である。さらに，宗教的信条などの個人や集団の存在の根幹に根ざす対立の解決は，さらに難しい。そのような場合には，信頼関係の構築や回復に相当な時間と努力が払われなければならず，特に第三者による合意形成プロセスを考えなければならない。

【ADR】

紛争解決のための手続きとして，代替的紛争解決法（ADR：alternative dispute resolution）がある。これは，「裁判外紛争解決法」とも訳される。

この方法を法制化した，裁判外紛争解決手続きの利用の促進に関する法律（ADR促進法）は，厳格な裁判制度に適さない紛争の解決を推進するための法律である。裁判外での紛争解決法として，仲裁，調停，あっせんなどを促進することで，身近に司法制度を利用できるようにすることを目的としている。

また ADR は，判決において，勝訴，敗訴という形で勝者と敗者を分かつ決定に至る裁判とは異なる手続きで，合意を形成しようとする。代替的紛争解決では，すでに紛争が生じてしまっているので，ADR は，紛争回避の手続きというよりも，紛争解決の手続きである。

9 合意形成は，対立が顕在化していない場合にも有効である

意見の違いがなく，だれもが同じ意見をもっているような場合には，合意を形成する必要はない。しかし，意見の違いが明確になっておらず，合意形成の必要がないように見えるケースでも，多様な意見が潜んでいる問題で議論が行われていないときには，対立が顕在化する可能性を考えておかなくてはならない。重要な問題では，はじめから多様な見方が明確になっているほうがよい。多角的に問題を検討するということは，問題に対する意見の多様性を尊重するということである。合意を形成しようとする者が認識すべきことは，多様な意見は，一方では，対立，紛争をもたらす可能性をもつが，他方では，よりよい解決へ導く重要な知的資源となるということである。

【和を以って尊しとなす】

聖徳太子によると伝承される十七条憲法は，国家に仕える役人の心得である。その第一条は，「和を以って尊しとなす」という有名な言葉である。この言葉は，「和」の重要性を述べたものであるが，その意味は，「合意形成」ということである。多くの人びとは，この言葉をきちんと議論することなく，長い

ものにはまかれろ式の，日本的なあうんの呼吸での一致を意味していると考えている。しかし，その第十七条を読めば，合意形成の重要性を述べていることに驚くであろう。文献10）をもとに以下に訳す。

　十七にいう。物事は一人で判断してはいけない。必ずみんなで論議しなさい。ささいなことは，必ずしもみんなで論議しなくてもよい。ただ重大な事柄を論議するときは，もしかすると判断を誤ることもあるかもしれない。だから，そのようなときみんなで論じ合えば，その結論は道理にかなうであろう。

　十七条は，重要な問題の意思決定を合意の形成プロセスなしに行うことは，過誤のリスクが高いという認識を示し，あげつらうこと（議論すること）の重要性を論じている。重大な過誤のリスクを回避する方法が合意のプロセスだと主張しているのである。「和」の究極の意味は，「話し合いによる合意」ということである。

10　合意形成には，つらい合意形成と楽しい合意形成とがある

　対立の構造を考えると，当初から関係者の意見の一致が不可能なものもある。選択肢のどちらか一方をとらざるをえないような場合，対立する人びとのすべてが満足することは不可能である。しかも，このことが当初からわかって話し合いをしなければならない場合がある。どちらか一方が採択されれば，他方は採択されないので，一方の人びとは満足し，他方には不満が残るということになる。

　ダムを建設するかどうかという問題のように，結果についての合意が当初から得られないということが確実に見える合意形成は，つらい合意形成である。他方，まちづくりや地域づくりのような場合，一見対立しているように見えても，合意形成プロセスを構築していく過程で，創造的な解決が可能となり，対立する両者が満足できる結果に至ることもある。このような建設的な合意形成は，楽しい合意形成である。

つらい合意形成では，関係者全員が結果に満足することは不可能であるが，プロセスについての満足を実現することは不可能ではない。「これだけきちんと議論し，合意に至る努力をしてきた結果であるから，やむをえない」ということで，結果を承認するということはありうる。そこで，合意に至るプロセスをどう創造的に構築するかという努力が重要となる。

また，楽しい合意形成，すなわち関係者がみな満足する結果を生み出す可能性をもつ合意形成であっても，プロセスのマネジメントがうまくいかないことで，途中でトラブルに陥ることもある。その場合には，よい結果は得られず，楽しかったはずの合意形成ということになる。楽しい合意形成においても，合意形成マネジメントの技術は不可欠である。

【事例2】　木津川上流住民対話集会（付図1中の1，**図1**）は，淀川水系の木津川上流の川上ダム建設の是非をめぐる話し合いであった。国土交通省近畿地方整備局が設置した淀川水系流域委員会の提言により，木津川上流河川事務所は，前例のない木津川上流住民対話集会を実施することになり，わたしはそのファシリテータ（進行役）を依頼された。従来型の行政の主導によるご理解いただくための説明会ではなく，住民どうしがダムの是非について議論するという話し合いの場である。前例がないので，プロジェクト・チームを組織し，話し合いのデザインとマネジメント，進行はわたしが担当することになった。

問題は，ダムを建設するかどうかであり，結論は，つくるかつくらないかという二者択一であったから，この問題に対する直接の解決策を出すとすれば，つらい合意形成であった。しかし，「ダムをつくるかどうかの最終的な意思決定は行政の責任だ。河川法によれば，河川管理者は流域住民の意見を反映させなければならないのであるから，この住民対話集会の目的は，住民のみなさんの意見を聞くことです」という河川事務所の発言に沿い，ダム賛成派（推進派）と反対派（慎重派）が協働して住民の総意としての提案書をつくることを集会の目的とした。対話集会では，目的を共有し，これを実現するためのプロセスを通して，対立を協働へと転換することができた。合意の目的と手続きを

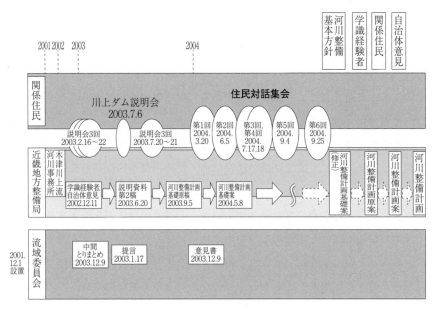

図1 木津川上流住民対話集会の流れ

共有することによって，参加者の満足を得ることのできたケースである。

11 合意形成は，対立する人びとが意見を変えて同じ意見をもつことである

　合意を形成するということは，多様な意見，対立する意見をもつ人びとが同じ意見をもつようになるということである。複数の人びとが複数の異なった意見から一つの同じ意見になるということは，意見を変える人びとがいるということである。合意形成を推進しようとする者は，人間は意見を変える存在であるという人間観をもたなければならない。

　合意に至る意見の変化には，つぎのようなタイプがある。
　① 一方が他方を説得する。
　② 一方が他方に譲歩する。

③　両者が譲歩し，妥協する。
④　両者が対立を克服する第三案に向けて話し合いを行い，合意する。

　対立する当事者の考えを克服する第三の選択肢が提案される場合では，提案は，第三者によって提案される場合と，両者あるいは両者を含む人びとが話し合いによって新たにつくり出す場合がある。関係者の満足度がもっとも高いのは，後者のケースである。

　合意形成とは，問題の当事者たちが多様な意見の存在をふまえ，対立が紛争に至ることを回避し，より高次の解決に導くための創造的な話し合いを実現するプロセスである。言い換えれば，合意形成とは多様な意見をもつ人びとによる対立を克服するためのプロセスであるから，対立的な二案を克服するための第三案の創造に向けた協働的な努力が求められる。ただし，対立，紛争の渦中にいる人びとが自発的にこのような協働作業を組み立てることは困難である。だからこそ，合意形成を推進する中立的な第三者が必要なのである。

12　合意形成は，一つの正しい答えではなく，よりよい答えを求める

　異なる意見が存在するだけでは，対立でも紛争でもない。民主主義の世界では，むしろ異なる意見が存在することのほうが健全である。しかし，意見の違いが対立となり，そこに深い感情的な要素が加わると，解決することが困難な紛争となる。

　複雑な社会的問題には，ただ一つの正しい答えがあるとは限らない。ありうるのは，むしろよりよい解決である。

13　合意形成では，多数決を採用せず，全員一致をめざす

　合意形成は，合意のための話し合いを通じて結論に至るプロセスであり，全員一致を目標とする話し合いである。したがって，合意形成では，多数決は採

用しない。

　多数決を採用しないことにはつぎのような理由がある。第一に，だれもが自由に参加できる開かれた合意形成では，話し合いの参加者は票決のための代表権をもたない。したがって，多数決は妥当ではない。第二に多数決は，勝者と敗者を分かつことになり，結果的に対立を温存するからである。温存された対立は，再び顕在化する可能性を残す。したがって，多数決は対立，紛争に対する最終的な解決にはならない。

14　合意形成には，多様な意見の存在が不可欠である

　多様な人びとの意見を一つにまとめ上げることが合意形成であるから，合意形成は，多様な意見の存在を前提とする。意見が多様であればあるほど，対立が紛争に陥る可能性は高まるが，多様な意見の存在は，よりよい解決のために不可欠である。

15　合意形成では，少数意見を大切にする

　紛争を解決するには，凝り固まった対立状況を打開するための新しいアイデアが必要となる。そのようなアイデアを含む可能性をもつものとして，少数意見を大切にすることが重要である。少数意見を含む多様な意見は，創造的な合意形成のための重要な知的資源である。
　話し合いでは少数意見をしっかりと議論することが重要である。少数意見を多数意見と同様に尊重し，問題解決のための知的資源として活用しなければならない。

2章 社会的合意形成

1　社会的合意形成とは，不特定多数のステークホルダーによる合意形成である

　合意形成は，特定多数の人びとによる合意形成と，不特定多数による合意形成に区別することができる。特定多数の合意形成とは，合意のための話し合いのメンバーが明確な場合であり，不特定多数の合意形成とは関係する人びとの範囲が限定されていない場合である。不特定多数による合意形成で，関係者の範囲が社会に開かれている場合を社会的合意形成という。

　合意形成を必要とする課題に関係する人びとを合意形成のステークホルダーと呼ぶ。社会的合意形成とは不特定多数のステークホルダーによる合意形成である。

2　社会的合意形成は，創造的なプロセスである

　社会的合意形成とはなにかについて，さらにふみ込んでプロセスをも考慮した定義を与えるとすれば，どのようなものになるだろうか。

　社会的な文脈を考慮した社会的合意形成は，さまざまな実践を通して，その定義が与えられるべきテーマである。すなわち，「社会的合意形成とはなにか」ということの究極的な答えは，社会の成熟度に呼応して与えられなければならない。

本書では，社会的合意形成とはなにかということについては，まず，二つの定義を示す。

一つは，2002年にわたしが設立した特定非営利活動法人合意形成マネジメント協会（CaPA）による定義であり，もう一つは，わたしがプロジェクト・リーダーを務めた独立行政法人日本学術振興会による，日本文化の空間学構築プロジェクトの研究成果にもとづく定義である。前者は，合意形成の実務にあたっているコンサルタント，合意形成の重要性を認識している国や自治体の行政担当者，大学の研究者などとともに，わたしの組織した特定非営利活動法人合意形成マネジメント協会がメンバーの研究と経験にもとづいて与えた定義である。また，後者は，独立行政法人日本学術振興会による研究プロジェクトを推進する過程で，わたしが組織した研究グループによって与えた定義である。この研究グループは，日本の文化に蓄積された合意形成，問題解決の伝承の調査を行った。

社会的合意形成の定義は，抽象的な机上の議論にもとづいて与えるべきものではなく，現場での実務に活用できるものでなければならない。わたしは，この二つの定義にもとづき，ある場合には第一の定義を，ある場合には第二の定義を，またある場合には両方の定義を活用しつつ，現実の合意形成の問題解決にあたった。

特定非営利活動法人合意形成マネジメント協会は，社会的合意形成をつぎのように定義している。

多様な意見の存在を承認し，それぞれの意見の根底にある価値を掘り起こして，その情報を共有し，解決策を創造するプロセス

この定義は，四つの要素から構成されている。それは

① 多様な意見の存在の承認
② 意見の根底にある価値の掘り起こし
③ 情報の共有
④ 解決策の創造

である。

この定義の特色は，合意形成を創造的なプロセスととらえている点である。しばしば合意形成は妥協であるとか，一方の他方に対する説得であるといわれるが，この定義はそのような考えを採用せず，創造性という点で合意形成を特色づけようとしている。

また，この定義は，多様な意見の存在を承認することを基礎としている。人間は，それぞれの人生の経緯や置かれた立場から問題を見るが，同じ問題に対して見方が異なるのは当然である。というよりも，同じ問題を見ているかどうかも当初は明らかでない場合も多い。むしろ，多様な意見の存在を承認し，相互のコミュニケーションがあってはじめて問題の本質が見えてくる。

多様な意見の存在は，一方で紛争に至る入口であるが，他方では，真の問題の姿を描き出すために欠くことのできない知的資源である。多様な意見の存在を承認し，その根拠となっている考え方，意見の理由を掘り起こして，これを共有する。そのうえで問題の本質を明らかにし，創造的な解決プロセスを考案するのである。

【事例3】　出雲大社神門通り整備事業（付図1中の **12**，**図2**）でわたしは総合コーディネータを務めた。事業者である島根県は，新時代の道づくりとしてそれまでに決定していた道路拡幅の都市計画を変更し，拡幅をせず，12 m の道路幅のうち 7 m あった車道の幅を 1 m 狭い 6 m とする腹案をもっていた。実際の話し合いで実現したのは，両側の歩道を 3.5 m ずつとし，その分だけ車道を 2 m 狭めて，歩車一体型空間としたのである。すると，車道の幅を狭めたことによって車の平均時速が 9 km 低減した。安全度が高まったことで，安心して歩ける道路を実現したのである。また，街並み景観の整備の効果もあり，歩行者が増加して，空き店舗の目立っていた通りの活性化も果たした。既往の都市計画決定にとらわれない柔軟な事業運営によって前例にないアイデアを実現した創造的な事業であった。

2. 社会的合意形成　15

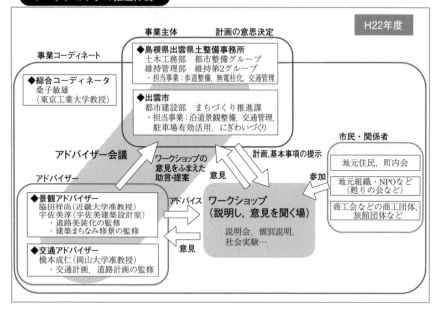

図2　出雲大社神門通り整備のプロジェクト体制

3　社会的合意形成は，開かれた話し合いによって進められる

　独立行政法人日本学術振興会の行った人文社会科学振興プロジェクトの日本文化の空間学構築研究プロジェクト・チームでは，社会をつぎのように定義した。すなわち

　みんなで話し合い，笑いを含む工夫を凝らしながら，熟慮された賢明な提案を採択し，決断へと至るプロセス

この定義は，宮崎県高千穂町での神代川再生事業（付図1中の6）の発端となった川づくりワークショップとともに見学した浅ヶ部地区での高千穂神楽の「鈿女」「戸取り」「雲おろし」といった演目から想を得て，「天の岩戸開き」で語られる神々の紛争解決の物語に現代的表現を与えたものである。

　研究グループは，日本各地で問題になっている河川事業，地域づくりなどの

2. 社会的合意形成

現場で地域の空間構造，空間の履歴，および人びとのインタレスト（関心・懸念）について日本的合意形成の知恵を探求し，各地に伝承された合意形成のプロセスを統合して，このような定義を得た。

【日本神話と合意形成】

　神代川再生事業では，日本神話の舞台となっている宮崎県高千穂町の神代川の文化的再生を行っている。神代川とその脇にある天真名井（あまのまない）という泉は，アマテラスの孫のニニギが降臨した地として伝承されている。

　日本神話では，ニニギの天孫降臨に先立って，アマテラスとスサノオの対立をきっかけに，アマテラスが天の岩戸に身を隠し，世界が真っ暗になって，さまざまな悪い出来事が起きた。そこで，問題を解決するために八百万の神々が天安河原（あまのやすがわら）に集い，問題解決のための話し合いを行った結果オモイカネノカミ（人びとの思いを包括，統合する神の意）による解決策，アメノウズメの舞と機転，タジカラオの力業によってアマテラスが再び岩戸の外に出ることとなり，悪い出来事も解決したという話である。

　『日本書記』に記載される一つの伝承では，アマテラスとスサノオの対立は，水田の相続をめぐる姉弟の争いである。アマテラスは，水を確実に得ることができ，災害リスクが少なく，しかも職住近接できる田を相続し，スサノオは，開墾に労力が必要で，災害リスクの高い，しかも職住近接できない田を相続することになった。そこで，スサノオの不満から紛争になったというのである。この紛争は，八百万の神々の合意によって解決が図られた，日本型合意形成による問題解決の原型である。

　すなわち，日本的な紛争の原型は，狭あいな国土，少ない農地，限定的な資源（水資源も含む）の配分とさまざまで予測できない自然災害（台風，梅雨末期の集中豪雨，干ばつ，地震，津波，火山の噴火など）のリスク負担の配分による不公平，不公正にあるということである。このような紛争は，資源とリスク負担の配分にかかわる正義の問題としてとらえることができる。

　こうした紛争の解決の物語として，八百万の神々の招集と議論，工夫と決断のプロセスが描かれる。わたしは，このプロセスを上記のように形式化し，日本各地の紛争解決のモデルとして用い，そのほとんどを成功に導いた。

　社会基盤整備をめぐる合意形成には，地域の紛争の背景に日本の国土のもつ特性が存在するという認識をもつことが重要である。

4 社会的合意形成は，協働的・創造的な努力を通じて決断に至るプロセスのマネジメントである

　本書では，先述した二つの考え方を統合し，合意形成をつぎのように定義する。

**　多様な意見をもつ人びとの存在を承認し，それぞれの意見とその理由を解明，共有することで対立の構造をとらえ，工夫を凝らした話し合いにもとづく協働的・創造的な努力を通して解決策を見出し，決断へと至るプロセスのデザインとそのマネジメント**

この定義は，二つの定義を統合したもので，合意形成が協働的・創造的な努力であることを明確にし，そこにプロセスのマネジメントという要素を組み込んでいる。このように表現されるプロセスは，スタートからゴールまでを含み，ユニークな（唯一的で独自の）成果を生み出すものであるから，プロジェクトとして性格づけることができる。この定義が本書の立脚する基本的なスタンスであり，これが本書のタイトルを「社会的合意形成のプロジェクトマネジメント」とした理由である。

5 社会的合意形成とは，問題解決を図るための関係者による民主的な話し合いの努力である

　本書で取り上げる社会的合意形成は，河川整備や道路建設，農業基盤整備，さらには，森林管理や地域づくり，まちづくりなどで必要とされる社会的合意形成である。こうした事業では，関係する組織や個人の範囲が限定されず，完全に開かれているとともに，関係する組織の立場，あるいは個人により，多くの意見が存在する。異なる意見はときに対立し，紛争に至る。こうした対立，紛争を解決するためには，関係者の問題解決への意欲と努力が不可欠である。

社会的合意形成とは，紛争に陥る事態を回避し，あるいはすでに陥ってしまった紛争を解決することを目的とし，民主的な話し合いによって問題の解決を図るための関係者の努力である。

6 社会的合意形成のプロセスは，行政と市民が民主主義を学ぶ絶好の学校である

社会的合意形成を阻害する要因にはさまざまなものを挙げることができる。例えば，分断，切り崩し，組織的動員，やらせは，民主的な意思決定のための合意形成を破壊する。こうした行為は，通常水面下で行われるが，このような動きが露見すると，事業者と市民の間の信頼関係は崩壊し，合意に至ることは絶望的となる。また，ステークホルダー相互の信頼を損なったまま事業を強行することは，対立をより深くさせ，紛争は泥沼化する。硬直した紛争状態は人びとを不幸へと導く。

社会的合意形成は，こうしたリスクのマネジメント技術と考えることもできる。合意形成を進めようとする者は，分断，切り崩し，組織的動員，やらせなどの非民主的な行動を社会的合意形成のリスクとして考えなければならない。

非民主的な手続きは，正義に反する行為である。例えば，ある人びとが事業者から情報を与えられて話し合いに参加する一方，別の人びとは情報なしに参加するような場合には，平等で対等な話し合いは当初から成立しない。こうした不公平・不公正な話し合いは，正義にもとる事態である。社会的合意形成を進めようとする者は，話し合いが実現すべき正義についてつねに考えていなければならない。公平・公正な情報の共有は，合意形成の正義を実現するために不可欠な条件である。

社会的合意形成は，わたしたちがどのように民主的なプロセスを実現することができるかを学ぶことのできる，いわば民主主義の学校である。

7 関係者が直接話し合う社会的合意形成は，議会の間接民主主義的手続きとは異なる

　市民社会での民主的手続きは，一般に間接民主主義という形の代議制民主主義体制をとる。議員はすべての事業について住民の意思を代表しており，議会で決定された事業であれば，住民の意思を尊重しているはずである。しかし，その事業が特定の地域住民に直接影響するような場合には，事業者としての行政と地域住民とが対立する。

　代議制民主主義は，多数意見が意思決定を支配するように考慮された民主主義である。課題を十分に理解しないまま投票が行われる可能性をもつ代議制民主主義の欠点を補うために提案されているのが，熟議民主主義である。

　熟議民主主義とは，熟慮と討議のプロセスと票決を組み合わせた民主主義的決定プロセスであり，議論の積み重ねによって合意を形成する過程をも兼ね備えている。この意味では，社会的合意形成に近い。ただし，合意形成が熟議民主主義と異なるのは，票決を行わないという点である。

8 社会的合意形成では，「寝ている子を起こす」

　開かれた合意形成を進めることに臆病な事業者は，紛争に至ることを恐れるあまり，公開の話し合いを忌避する傾向にある。開かれた合意形成には，情報の公開が必要不可欠であるが，情報を公開すると潜在的な多くのステークホルダーが関係することになる。そこで事業者は，情報を隠蔽し，ステークホルダーの議論への参加を回避しようとする。いわゆる「寝た子を起こすな」ということである。また，話し合いの場に事業者と同じ利害関係をもつ関係者を動員し，やらせによって議論をコントロールしようとする傾向も生まれる。さらには多数の反対派を分断し，あるいは切り崩しをもくろむような活動が行われることもある。

形だけの公聴会や意見を聞く会を開催する場合では，意見の発言者があらかじめ選定されて参加者相互の討議が制限されたり，発言が事前にチェックされることもある。主催者は，これを「混乱が予想されるから」と弁解する。しかし，こうしたやり方は，市民から「アリバイづくり」や「ガス抜き」と批判される。このような批判が出るような状況になると，主催者に対する市民の不信感は増幅され，合意形成は暗礁に乗り上げる。

あるいは，露骨な対立が予想される場合に，対立する関係者に非公開の会議での話し合いで合意を求めようとする場合も見受けられる。このようなやり方は，対立を固定化するとともに，賛否を表明していない人びとから疑心をもたれる。

潜在的なステークホルダーは，「寝ている子」といわれるが，社会的合意形成で重要なのは，「寝ている子を起こせ」ということである。なぜなら，寝ている子は，いつかは必ず起きるからである。寝ている子を起こさないでいても，いつかは必ず起きるのであるが，遅くなればなるほど，その泣き叫ぶ声は大きくなる。

9 社会的合意形成は，現実の複雑性と変化および地域性の違いに対応する

社会的合意形成の難しさは，理論的な研究によって方法が示されても，現実の場でその方法通りにプロセスが進むとは限らないということである。なぜなら，社会的な現場での人びとの対立の状況では，きわめて複雑な要素が絡み合っているからである。社会的合意形成の含む複雑性を認識することが大切である。

状況の複雑性のうちには，対立がどのように生じたかという，対立の生成が深くかかわっている。問題の発生は，一時の出来事ではなく，しばしば複雑な要因が絡み，さらに，状況は刻々と変化する。

社会的合意形成の難しさは，地域性の違いにも現れる。日本は南北に長い国

土と複雑な地形，地質，風土性をもち，各地で培われた話し合いの文化は，それぞれ独自性をもっている．社会的合意形成を進めようとする者は，地域の歴史，文化を認識し，紛争解決の歴史やそこで蓄積された地域の知恵についても理解を深める必要がある．

【事例4】　宮崎海岸浸食対策事業（付図1中の4，図3）の「ステップアップサイクル」は，自然現象と社会状況の流動性に配慮した事業推進の方法である．このような推進方法をとる理由は，特に海岸侵食対策事業が複雑な要素をもっているからである．

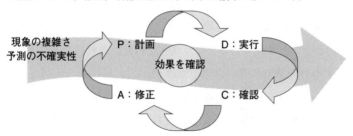

図3　宮崎海岸ステップアップサイクル

海岸管理の課題は，土砂の移動だけでなく，地球温暖化によるものと見られる大規模な温帯低気圧や台風，それによる波浪の発生，地震や津波災害といった，複雑な自然現象への対応を含む．

さらに，複雑な自然現象への対応を難しくしているのが，海岸をめぐる法制度や行政システムである．海岸の護岸整備は，海岸の後背地が農地であるか防潮林であるか，港湾であるか，漁港であるか，あるいは河川であるかによって

監督官庁とその予算措置も異なっている。宮崎海岸を見ると，海岸線は一つにつながっているのに，タテワリの行政システムによってつくられた護岸の形状は地域ごとでぶつ切りになっていて，海岸問題の難しさを物語っている。

　こうした行政システムも徐々にではあるが変化し，また，それぞれに環境配慮の重要性の認識が浸透しつつある。こうした社会的環境の変動にも応じる形で海岸事業を展開していく必要があり，さらにはそのような変化に関する説明もしていかなくてはならない。

　事業者，市民，専門家による合意の形成では，事業の推進および環境の変化にともなって，考え方を変えていく必要があるということを共通に認識しておかなければならない。

【事例5】　　木津川上流住民対話集会の進行を担当したとき，三重県伊賀上野市での予備調査において，当地は，「自分のいいたいことをいって，人のいうことを聞かない」文化であるという情報を得た。これに対し，大橋川周辺まちづくり基本計画策定事業（付図1中の9）では，「出雲の人は思っていることをあからさまにはっきりと主張しない。会議が終わった後ぶつぶついう，お・んぼ・らの文化である」と聞いた。「おんぼら」とは，「物事をあいまいに表現すること，おぼろにいうこと」である。こういった地域性による違いは，おのずから話し合いのスタイルや手続き，方法の違いを生み出す。

　さらに淡路島南あわじ市福良で行ったワークショップの経験では，「ここの人びとは裏表がない。だから，話し合いはとてもスムーズだ」ということを聞いた。福良での災害リスクは，東南海地震による津波が短時間で押し寄せることであり，地域が助かるための相互の信頼と簡潔なコミュニケーション文化が育まれた。これに対し，出雲では斐伊川の洪水リスクはあるが，他方，洪水を宍道湖の干拓に利用してきた地域でもある。さらに，宍道湖が巨大なダムの役割を果たすので，人びとにとって厄介なのは，人びとの間の紛争そのものである。そのため，これを避けるために「おんぼら」文化が形成されたとも考えられる。

10 社会的合意形成では，制度と技術と人を認識する必要がある

　社会的合意形成は，三つの大きな要素で構成される。すなわち，制度と技術と人である。このことはこの三つの項目に対応する人びとの関係の構築であるといってもよい。すなわち，制度を代表する行政機関に属する人びと，技術や知識をもつ専門家の人びと，および事業の影響を直接受ける人びとや一般市民である。したがって，社会基盤整備にかかわる合意形成を適切に推進しようとする人びとは，公共事業を推進する枠組みとなっている法制度・行政制度はどうなっているか，社会基盤整備のためにはどんな技術が用いられるか，事業の関係者はどのような人びとなのかを視野に置く必要がある。

　市民から出された意見を反映させながら計画づくりを行うという作業では，制度的・技術的制約にとらわれずに発言する市民の提案をどう現行の制度に適合するものにしていくか，また，現代の技術水準で実現可能なものとしていくかということが課題となる。そのためには，行政担当者どうしの議論だけでなく，専門家どうしの議論も，さらには，この二者間の合意をどう形成するかということも課題になる。言い換えれば，自由な市民の議論を実行可能な計画に練り上げるには，制度的制約と技術的制約をどのように議論のなかに組み込むかということを戦略的に考えなければならない。

　制度的制約も技術的制約も解釈の余地があるものについては，工夫によって新たな案の創造にもつながる。合意形成のプロジェクトは，事業者である行政，市民，そして専門家の三者による創造的な議論となって展開していく。したがって，社会的合意形成の推進には，こうした三つの要素について総合的にマネジメントできる人材が必要である。

　【事例6】　大橋川周辺まちづくり基本計画策定事業は，国土交通省による法定計画としての斐伊川水系河川整備計画を策定する前段で，斐伊川の主要部分である松江の町の中央を流れる大橋川のまちづくり計画の関連部分を整備計

画に組み込むという戦略をとった．というのも，大橋川は，中海の干拓問題その他で，37年もの長い間さまざまなトラブルに遭遇し，計画が中断していたからである．

　大橋川本川は一級河川で国管理，これに注ぐ朝酌川，天神川，京橋川は県管理，これらの川にはさまれた市街地は松江市管理ということで三者の協働は不可避であった．治水だけにテーマを限定してしまうと，治水事業によって大きな影響を受ける環境や景観，まちの賑わいなどについての配慮がおろそかになるという懸念から，大橋川周辺まちづくりの計画策定としたのである．この事業では，治水だけでなく，環境保護，景観保全，まちの活性化など，複数の，ときには対立する価値を計画のなかにどう包括的に組み込むかということが課題であった．このような価値の対立構造を明らかにし，これを解決するための十分な話し合いをプロセスに組み込むことで，3年4ヶ月をかけて，計画が合意されたのである．

　宇田川治水計画策定事業（付図1中の7）においても，鳥取県による宇田川河川整備計画策定に先立って，法定計画策定の制約にとらわれない形で，宇田川治水計画を策定した．この治水計画では，河川区域にとらわれず，山林や農地，市街地などについても広く議論を行った．

　宇田川は米子市淀江地区を流れる県管理河川であるが，河口部には淀江の町が砂州によって形成されたやや高い土地の上に形成されていて，後背地の低平地を流れる宇田川の水をブロックする形になっている．治水計画は，主として背後の農地を守るために計画されたものであるが，洪水の流量を確保するために市街地を拡幅すると多数の移転家屋が発生するとともに，標高の低さから海水が遡上し，農地に塩害をもたらすと考えられた．洪水を防ぐという観点のみから河川整備計画を策定すると，農地を守ることを目的とする事業で，逆に農地を守れないというジレンマを抱え込むのである．宇田川もまた，法定計画に先立つ形で宇田川治水計画を策定するという戦略をとったことから解決の方向が見えた例である．

　清水港津波防災計画策定事業（付図1中の8）では，東海地震と津波に備え

た津波防潮堤の設置ラインをどうするかを議論した事業である．海岸保全計画という法定計画のなかに組み込まなければならない静岡県静岡市清水地区の防潮堤ラインの決定は，多数のステークホルダーと複雑なインタレスト分析，コンフリクト・アセスメント（対立・紛争構造の査定）を必要とする事業であったため，設置ラインの決定だけを残していた海岸保全計画を進める過程で，津波防潮堤の設置ラインの決定だけを目的とした津波防災計画策定事業を行い，これを上位の海岸保全計画に組み込むこととしたのである．

国頭村森林地域ゾーニング計画策定事業（付図1中の15）では，やんばるの森の管理について国頭村が独自に策定した計画である．森林の保全や利活用，再生事業のための地域区分の計画であるから，本来であれば，森林についての包括的な管理計画を法定計画策定として行うことが考えられるのであるが，森林管理計画策定は林野庁の林野行政の管理下にあって，法定計画となる．しかし，国頭村は，国立公園化や世界自然遺産登録をめざすなど複雑な環境下にあって，一官庁管理下の法定計画では，複雑な課題を包括的に解決するための森林管理計画を策定するのは困難であった．そのため解決が急がれるという認識のもとで，国頭村森林地域ゾーニング計画という法定計画外の独自計画を策定し，これを国頭村役場全体の地域管理計画の方向を示すものとした．このような戦略をとることによって，村民全体の意見を反映させるとともに，行政のタテワリを克服する方向性を示せたことは大きな成果であった．

このように，制度的制約のもとにある計画策定においては，トラブルが生じる可能性がある場合，独立の合意形成プロセスを構築し，その成果を法定計画のなかに組み込むという作業が有効である．

わたしが応援を依頼された事業の多くは，以上のような形態をとっていた．大規模なプロジェクトを推進するときにトラブルが発生した場合，トラブル解決のためのプロジェクトを構築し，その解決を行って，その成果をより大きなプロジェクトのほうに組み込むという戦略は，社会基盤整備を進めるにあたって効果的である．

> **11** 社会的合意形成では，市民と行政の合意形成だけでなく，行政機関間，行政組織内部，あるいは市民どうしの合意形成もあわせて考える

　社会基盤整備をめぐる社会的合意形成は，市民と行政の間の合意形成と考えられがちであるが，実情はずっと複雑である．市民と行政の間の合意形成を円滑に行うためには，行政機関間，行政機関内部，市民どうし，および行政機関と専門家，市民と専門家など複雑な合意形成手続きを含むことが多いからである．社会的合意形成を推進する者は，こうした多岐にわたる合意形成プロセスの全体をマネジメントする能力をもたなければならない．

　たしかに，社会基盤整備をめぐる対立，紛争では，しばしば事業主体である行政と事業の影響を受ける地域住民との対立の図式をとることが多い．しかし，事業によっては，地域住民の間にも対立が存在する場合も多い．また，環境の保護を唱える場合には，地域住民だけでなく，地域外の人びとも重要な関係者として活動を展開することもある．

　さらに，事業主体が行政であるといっても，それが国の事業であるのか，都道府県の事業であるのか，あるいは市町村の事業であるのかで性格が異なる．このような場合，行政機関の間で意見の一致がない場合もあり，行政機関どうし，あるいは行政機関内の部署どうしの合意形成が課題となる．行政はしばしばタテワリ構造，ヨコワリ構造をもっているので，情報の共有や事業に対する認識，責任の分担などで対立することも多い．

　また，一つの事業をめぐって市民どうしが対立する場合でも，市民どうしが話し合いの場をもたないこともまれではない．市民は賛成意見を，あるいは反対意見を事業主体に述べるが，市民どうしは直接に対面する対立構造を回避しようとするからである．しかし，市民どうしが話し合いの場をもたなければ，事業に対する市民の参加，参画は難しい．

　したがって，社会基盤整備をめぐる事業では，住民・市民どうし，行政機関

間，行政機関内，市民と行政との間の合意形成を同時に必要とする場合が少なくない。合意形成を推進しようとする者は，こうした関係者の関係を視野に置いて全体をコントロールし，マネジメントする必要がある。

【事例7】　大橋川周辺まちづくり基本計画策定事業において，島根県松江市の大橋川は，宍道湖と中海を結ぶ川であり，斐伊川水系に位置づけられている。国土交通省出雲河川事務所は，斐伊川の治水のため，大橋川の改修により，斐伊川上流の尾原ダム，神戸川の志津見ダム，および斐伊川と神戸川を結ぶ斐伊川放水路とセットで斐伊川の治水を進めてきた。大橋川改修はその最後の事業であるが，この事業は河川の拡幅と護岸のかさ上げという河川改修のみならず，河川景観に大きな影響を与えるとともに，橋梁のかけ替え，道路の整備なども含む。つまり，まちの骨格を再編することにもなりうる大事業であった。

　この事業を推進するために，国土交通省出雲河川事務所と島根県，松江市の三者は合同で大橋川コミュニティーセンターを設置するとともに，大橋川周辺のまちづくりの基本方針と基本計画を策定するために，大橋川周辺まちづくり検討委員会を設置し，議論を進めた。

　大橋川まちづくり検討委員会は，平成17年の秋に設置され，大橋川の改修を含む大橋川周辺のまちづくりの基本方針を議論した。国際観光都市松江のまちづくりということで，河川整備と環境，景観，まちづくりの問題が直結する事業であり，これからの日本の景観形成と河川整備をはじめとする社会資本整備との関係を考えるうえで，特筆すべき事業であった。その特色は，国と県と市の共同事業であること，河川整備とまちづくりが一体となった整備であること，治水，景観，環境，まちの活性化という異なった，ときには相反する価値の対立，衝突を解決する事業であったことなどである。

　検討委員会のメンバーは，松江市の代表的な団体のトップおよび学識経験者であった。こうした委員会の一般的な傾向としては，行政，河川管理者が原案をつくり，委員会で検討するということが一般的である。しかし，この委員会

では，委員会の提案を行政，河川管理者がふまえ，まちづくり基本方針の策定を行うというプロセスをとった。多様な立場に立つ委員の合意のもとで委員会案をつくり，それを行政，河川管理者が検討するという形式を採用したのである。もちろん行政，河川管理者が基本方針を策定することは，その責任において行うのであるが，このプロセスでは，三つの局面での合意形成プロセスを一体とした。すなわち，委員会メンバーの間の合意形成，委員会と行政ならびに河川管理者の間の合意形成，国の河川事務所，県，市の間の合意形成の三つである。

【事例8】　宮崎海岸侵食対策事業では，多くの行政組織が関係している。河川と海岸が重なる河口部は国土交通省港湾局が，漁港は農林水産省の水産庁が担当している。港湾より上流は，一級河川であれば国土交通省河川局が責任をもつが，多くの場合，一級河川であっても，上流部は県が管理している場合が多い。ただ，大きなダムの場合は国が管理している。もちろん，県のダムもあり，農業用のダムも数多く存在する。

　宮崎海岸が侵食されている原因は，ダム建設による土砂供給量の減少と海岸部の多様な構造物による海流の変化にあるといわれている。海岸部でもみぎわの前後は河川の担当であるが，後背地に道路があれば道路担当部署が，防潮林は林野関係部署が，農地であれば農林水産省の農村振興局関係の部署が責任を負っている。しかし，地方では，県の担当部局が国から下りてくる予算を使って事業を進めるので，海岸はまるでパッチワークのように別々に管理されている。

　日本の海岸の悲惨な現状は，近代官僚システムの行き着いた先ではないかと思えてくる。問題が起きたとき，「制度上できない」といってなにもしない行政担当者が多いけれども，現実には努力すればできることはたくさんある。できないことを制度上の問題として正当化しようとする姿勢は，市民から「タテワリ」とか，「ナワバリ意識」といった批判となる。社会的合意形成では，こうした意識の変革が必要である。

12 社会的合意形成では，社会基盤整備に対する社会的ニーズの変化に対応する

　社会基盤整備は，21世紀に入って成長の時代から成熟の時代へと変化し，経済効果をもたらす基盤整備から環境や景観などの人びとの暮らしの質を向上させる整備へと大きな転換のときを迎えている。こうした社会的ニーズの変化は20世紀のうちからすでに生じていたが，行政システムや行政プロセスが対応できないために，地域住民や環境保護団体などによって厳しく批判されてきた。

　政府も市民参加型の公共事業への転換を図ろうとしてきた。たしかに，小規模な地域づくり・まちづくりという点での市民参加は，20世紀後半に日本の多くの都市で実践されている。しかし，高速道路整備やダム建設などの巨大事業については，国土空間の構造を大きく変える力をもつものであったにもかかわらず，広く一般市民をも含むステークホルダーの意見を事業に反映させるための努力は払われてこなかった。

　中央省庁の再編が2001年に実行されたのを契機に，公共事業の進め方に見直しが進められ，大規模公共事業についても関係市民の意見を事業に反映させるということが重要な課題として認識された。参加型の理念は，法律やガイドラインにも掲げられるようになった。しかし，市民参加が進めば進むほど，多様な人びとが議論に登場するようになり，その意見も多様となった。すなわち，それだけ対立の可能性が増えたということである。

　そこで，意見の違いを紛争に陥らせることなく，合意へと導く技術が必要とされた。この技術は，行政と市民との直接的な対話を含むことから，民主主義をどのようにとらえるかという問題も含んでいる。社会的合意形成の課題は，単に話し合いの技術開発というにとどまらず，むしろ，民主主義社会の運営の哲学を確立し，これを実現するための技術を高めることにも深くかかわっている。

13 社会的合意形成技術の必要性は,地方の重視,地方分権,地域創生と関係する

　20世紀型の社会基盤整備は,全国一律型の「均衡ある発展」を理念として展開したために,多くの地域が個性のない「どこにでもある」「どこでもない」表情になってしまった。同じように,全国一律の合意形成プロセスが存在すると考えることは,地域の多様性を喪失させ,特質を排除した形での合意の形成になってしまう恐れがある。社会基盤整備においては,社会的合意の姿もまた,地域の自然と社会の特質をふまえて構築されなければならない。

　他方,地方の重視は,地方分権化のかけ声に表れているが,実際には,地方の課題は増大しつつある。平成の大合併によって,多くの市町村はそれまで機能していたそれぞれの役所・役場を失った。集約された役所・役場機能は,中心となる地域には恩恵をもたらすことになったが,周辺の地域は,それまで役所・役場が担っていた意思決定機能を弱体化させることになったのである。役所・役場に代わって支所が置かれても,その地域は,地域の責任のもとで意思決定せざるをえなくなった。したがって,役所・役場任せの体質から,地域の意思決定機能も合意形成能力も低下している。地域社会が合意形成能力をもつことは,ますますその重要性を増している。

3章 社会基盤整備と社会的合意形成のプロジェクトマネジメント

1 プロジェクトとは，唯一的な成果物，サービス，結果をつくり出すために企図された時限的な作業である

　プロジェクトとして行われる公共事業のように，プロジェクトはある時点で開始され，ある時点で終了する仕事である。この点で，定常業務，日常業務，言い換えればルーチンワークとは区別される。

　定常業務が同じ成果，サービス，結果を正確かつ反復的に生み出すことが求められるのに対し，プロジェクトは二つの点で異なる。すなわち，生み出される成果がユニークであるという点と，その成果を生み出すための作業がある時点でスタートし，またある時点でゴールするという点である。すなわち，プロジェクトは「時限的」であり，「有期的」である。

2 社会基盤整備には，定常業務とプロジェクトとがある

　社会基盤整備には，定常的に同じ作業を行ったり，あるいは同じ成果物をつくり出したりする定常的な作業と，新規の建設事業や計画策定事業および既存の施設の更新といった，ある時点で開始され，ある時点で終了する事業とがある。後者は先述したようにプロジェクト業務である。

　道路の建設，河川の改修，ダムや農業用水のための頭首工や用水路建設，まちなみの修景などはハードな基盤整備事業であり，地域の総合計画，都市計画

マスタープラン，河川整備計画，森林管理計画などの策定事業は，いわばソフトな事業である．どちらも，国土空間の改変をゴールとするプロジェクトである．

これらの社会基盤整備は，ある地域で，かつ，ある特定の期間内に事業が進められるので，プロジェクトとしてマネジメントすべき事業である．しかし，社会基盤整備を進める行政はしばしば2,3年で担当者が異動するので，スタートとゴールが明確に意識しにくい．したがって，社会基盤整備は，プロジェクトとしての性格が事業主体の関係者に共有されにくいという事情をもっている．

3 社会的合意形成は，一つのプロジェクトである

プロジェクトとしての社会基盤整備の過程で，社会的合意形成の過程が組み込まれるとすれば，この過程もプロジェクトとしてマネジメントすべきものとなる．社会的合意形成は，合意のない状態から合意の形成された状態へ移行するプロセスであり，これを一つの事業として行おうとする場合には，プロジェクトとなるからである．

したがって，社会基盤整備には二つのプロジェクトが含まれる場合が多い．すなわち社会基盤整備というプロジェクトであり，もう一つは，この社会基盤整備のなかで進められる社会的合意形成というプロジェクトである．

4 参加型の社会基盤整備は，事業のプロジェクトと合意形成のプロジェクトの両方のマネジメントを含む

社会基盤整備が参加型の合意形成プロセスを必要とするときには，事業は，二つのプロジェクトマネジメントを同時に含むことになる．すなわち，事業そのもののプロジェクトマネジメントと，事業を円滑に推進するための合意形成プロセスのプロジェクトマネジメントである．

3. 社会基盤整備と社会的合意形成のプロジェクトマネジメント

　社会基盤整備に含まれる合意形成では，合意の形成プロセスは，合意が成立したとき，あるいは合意を達成することが不可能であることが判明したときに終了する作業である。したがってすでに述べたように，ある時点で開始し，ある時点で終了する時限的な作業である。この作業は，解決すべき課題も，その解決案も固有のものでなければならない。

　社会基盤整備は，国土空間のある地域で，ある歴史的状況のうちにあって遂行される事業であり，時空的な制約のもとに遂行される集団的行為である。特に社会基盤整備の歴史性を考慮するならば，時間的な制約条件を十分に考慮した事業の推進が不可欠である。時間に対する配慮を欠いた事業では，その影響を受ける利害関係者は，長期にわたる事業期間において生活設計ができず，事業者の配慮の欠如に対して不信を募らせ，結局合意を不可能なものにしてしまう。

　要するに，事業者は，事業そのものをプロジェクトとしてマネジメントするだけでなく，その事業の重要な要素である合意形成のプロセスをプロジェクトとしてマネジメントしなければならない。

　基盤整備というプロジェクトを推進しようとするには，河川整備や道路整備という事業についてのマネジメント技術をもたなければならないが，他方，社会基盤整備が社会的合意形成のもとで行われる以上，合意形成のマネジメント技術ももたなくてはならない。もしこれが難しいのであれば，合意形成のマネジメント技術をもつ者に事業への参加を求めるべきである。

　【事例9】　わたしが社会的合意形成をプロジェクトとしてマネジメントすること，そして，これを社会基盤整備というプロジェクトと組み合わせて行うべきであるということを深く認識したのは，作業部会長を務めた大橋川周辺まちづくり基本計画策定事業の過程においてであった。

　この事業の主体は，国，県，市の行政三者であり，担当者は専任で20名近くいたが，ほとんどが異動となり，最後まで残っていたのは，国で1名，市で2名だけで，県の担当者はすべてが入れ替わってしまった。したがって，事業

の当初から最後までを知っている者は，わたしと行政職員3名とコンサルタントの2名を含めて全部で6名となった。

異動は円滑なプロジェクト推進の最大の難敵の一つである。というのは，プロジェクトを推進するうえで大切なのは，なんのための事業かという目標の共有，共有すべき情報の管理，市民との信頼関係を含む関係者の間のコミュニケーション，スタートからゴールに至るまでのスケジュールやプロセスの管理などであるが，異動は，これらの継続性を途切れさせてしまうからである。

また，プロジェクト・リーダーの統率力と実行力，決断力などは，河川事務所長が3人替わったので，難しい問題であった。また，チーム内のモチベーションの維持も課題であった。

こうした状況に対し，わたしは事業推進の過程で，この事業はプロジェクトであるということを確認するための議論の機会をもつように要請した。そうすることで，チームのメンバーが高いモチベーションを持続することができた。すなわち，プロジェクト・チームのメンバーは，こうした大事業に携わることに対する誇りをもたなければならない。そうした誇りと自信がなければ，市民との信頼関係を構築することはできないのである。ただし，この誇りと自信は，従来の行政主導型の誇りと自信ではない。市民の意見を徹底的に聞き，それをまとめ上げ，事業計画へと練り上げることへの誇りと自信である。大橋川周辺まちづくり基本計画策定事業が血の通ったものとなったのは，こうした信頼関係によって事業が進められたからである。

5　社会的合意形成は，プロジェクトマネジメントを必要とする

社会基盤整備は，長い年月を費やして行われることが普通である。行政職員は，通常2，3年で異動となるので，プロジェクトの全体にかかわることはほとんどない。むしろ，長いプロジェクトの短い期間に，いわば断片的にかかわることになる。すると，プロジェクトの全体を理解し，そのなかでの役割を把握，自覚することは難しく，プロジェクトの作業としてよりも，むしろ定常業

務のような感覚で前任者から業務を受け継ぐことになる。こうなると，プロジェクトとしての事業全体を視野に置きながら作業に従事することは困難となる。

　公共事業が当初の計画よりも長い時間を要し，そのために経費も増大してしまう原因としては，これをプロジェクトとしてマネジメントすることの難しさ，特に担当者の時間意識の欠如を指摘できる。プロジェクトにとって，関係者の時間意識はその成否を左右する重要な条件である。

【事例10】　　木津川上流住民対話集会や大橋川周辺まちづくり基本計画策定事業は，それぞれ淀川水系，斐伊川水系の治水対策事業であり，30年以上も前につくられた計画であるが，住民の反対などもあって紆余曲折を経ており，その全体をきちんとプロジェクトとしてマネジメントすることはきわめて困難な事業であった。

　先述したように大橋川周辺まちづくり基本計画策定事業は，国土交通省出雲河川事務所，島根県，松江市が共同で行った事業であり，国が管理する大橋川本川，島根県が管理する朝酌川，天神川と松江市が管理する市街地を含む地域でのまちづくりのための基本計画であった。この基本計画は，これをふまえて策定された斐伊川水系河川整備計画にもとづき，大橋川の治水事業を推進することを目的として策定された計画である。その後，まちづくり基本計画は斐伊川水系河川整備計画に反映され，これに従って治水工事が実施された。したがって大橋川の事業は，参加型の社会的合意形成プロジェクトに引き続きハードなプロジェクトが続く事業である。

　出雲大社神門通り整備事業は道路整備事業であるが，道路整備計画といった計画を策定せずに，参加型ワークショップの開催による整備内容を決定するのに2年，工事期間に1年というスピード感あふれる事業であった。

　他方，宮崎海岸侵食対策事業は，国土交通省宮崎河川国道事務所が宮崎県と連携しつつ行っている事業であるが，大橋川とは違って，侵食対策計画を策定してからハードな工事を行うという形式をとっていない。なぜなら，海岸侵食対策は，自然現象や社会環境の変動をふまえなければならない事業だという認

識のもと，計画策定にもとづいて事業を行うのではなく，事業を推進しながらその成果を検証したうえで，さらに侵食対策を実施するというプロセスをとったからである。またもう一つの事情として，事業開始時点ですでに海岸に砂を入れる養浜が進行中であったということも重要である。

工事を実施しつつ，市民参加のプロセスも組み込んでいるので，ソフトなプロジェクトとハードなプロジェクトが同時進行するプロジェクトであると考えることができる。

6 市民・住民参加を進めるためにもプロジェクトマネジメントの視点が必要である

市民・住民参加とは，社会基盤整備の影響を受ける地域住民および一般市民が社会基盤整備の計画立案に関与することと考えられている。しかし，参加のプロセスは，けっして計画段階にだけ限定されるわけではない。いかにすぐれた計画であっても，設計，施工，維持管理が適切に行われなければ，関係者にとって納得のいくものにはならないからである。そこで，参加は計画段階からはじまって，維持管理に至る時間系列のなかで行われることが望ましい。社会基盤整備が長い時間をかけて行われる以上，こうしたプロセスの全体も，一つのプロジェクトと考えることができる。

7 社会的合意形成は，一つの社会技術である

社会的合意形成を推進することは一つの技術の行使である。しかし，その技術は，厳格な規格に沿って同じ生産物をつくり出す技術とは異なって，プロジェクトマネジメントがアートであるといわれるのと同じように，複雑な条件のもとでユニークな成果を生み出すアートとしての技術である。

社会基盤整備の推進には二種類の技術が関係している。一つは，科学的な分析にもとづき技術的な対応策を検討する工学的技術であり，もう一つは，予算

や各種制度の制約のなかで、公正で民主的な手続きを実現する社会技術である。

　社会技術の専門家は、理論的な研究を行えるというだけでは不十分である。なぜなら、社会的合意形成も、あるいはプロジェクトマネジメントも一つ一つの個性的な課題に対する解決という点で、唯一の成果をめざす時間的（歴史的）な作業だからである。このような作業は、実験室で検証される科学的研究や技術開発とは根本的に異なっている。多様で複雑な現場での実践経験をふみ、その経験にもとづいて社会的合意形成とプロジェクトマネジメントの理論化を行うのでなければならない。したがって、社会的合意形成とプロジェクトマネジメントは、ユニークな、かつ歴史的なプロセスであることを認識すべきである。

8　社会的合意形成には、技術が必要である

　先に述べたように、社会的合意形成を進めるための技術は、社会的技術の一つとして位置づけられる。この技術は、対立する意見が紛争に陥ることを回避し、高次の解決へと導くためのマネジメント技術である。

　社会的合意形成プロセスを構築するにあたって、住民参加、市民参加のプロセスを取り入れれば、いろいろな人びとが参加し、多様な意見を述べることになる。話し合いを上手にコントロールできなければ、多様な意見の間の対立は紛争になり、事業は停滞、遅延、その社会的な影響は大きなものとなる。

　そこで、事業者は話し合いの紛糾を恐れるために、開かれた合意形成の場をつくらず、地域を区分して、小さな範囲での合意を積み上げるような方法をとることがある。しかし、これはラウドスピーカー（公開の場で大声で威圧的に発言する人）の存在を恐れる心情から発したものであり、本来あるべき合意形成を構築しようとする意思にもとづくものではない。

　現代社会では、市民・住民の参加によるオープンな話し合いでの事業推進を避けて通ることはできない。だからこそ、多くの人びとに参加を呼びかけ、多

様な意見の対立リスクをマネジメントする合意形成の技術と，これを行使できる人材が求められる．

9 社会的合意形成をうまく進めるには，社会的合意形成の知識と技術をもつコンセンサス・コーディネータが必要である

　社会的合意形成は，対立する関係者の間で自動的に成立するものではなく，これを進める人びとの努力によって達成される．したがって，不特定多数を対象とする社会的合意形成プロセスの構築には，合意形成プロセスをコーディネートする者が必要である．本書では，これをコンセンサス・コーディネータと呼ぶことにする．コンセンサス・コーディネータは，ある場合には事業者であり，またある場合には事業を受託するコンサルタントであるが，対立があったり，紛争に陥ったりしている事態を解決に導くには，中立的第三者が求められる．いずれの場合にも，社会的合意形成にかかわる知識と技術をもつ者が推進することが望ましい．

10 社会的合意形成のマネジメント技術には「知っている」「わかっている」「できる」の3段階がある

　合意形成マネジメント技術については，「知っている」段階と「わかっている」段階と「できる」段階との差がきわめて大きい．講義や講座，研修で合意形成についての理論や事例について「知っている」段階，ステークホルダーとして具体的な話し合いの場に参加した経験にもとづいて「わかる」段階，問題解決のプロセスを設計，運営，進行「できる」という三つの段階である．この三つの段階の間には，相当の開きが存在する．この点をふまえたうえで，社会的合意形成の方法については，「知っている」段階から「経験をもつ」段階へ，さらに「合意形成プロセスを構築できる」段階へと学習することが重要である．

社会基盤整備では，事業の主体が地域の人びとと話し合いながら，計画を立案し，また実行しようとする場合に，「できる」段階の合意形成マネジメント技術をもっていれば，合意へ至るプロセスを円滑に進めることができる。コンセンサス・コーディネータ，事業を担当する行政，まちづくり・地域づくりに携わる人びと，行政から委託を受けるコンサルタントなども合意形成マネジメント技術をもつべきである。さらに，合意形成の場に参加するNPO，研究者，それに一般市民も合意形成マネジメント技術について「知っている」あるいは「わかっている」ことが望ましい。

要するに，「合意形成について知っている」というのは，この言葉を聞いたことがある，関係する本を読んだことがある，講義や講演で聞いたことがある，といった段階である。「合意形成についてわかっている」というのは，合意形成の現場に当事者として出席し，発言する段階にまで経験をもっている状態である。「合意形成をできる」というのは，合意形成の推進技術をもち，合意形成をプロジェクトとしてマネジメントできる能力をもつことである。

11 コンセンサス・コーディネータには，理論，技術，経験が必要である

コンセンサス・コーディネータは，多くの経験を積み，経験を蓄積，技術化し，その技術を多くの現場で磨いていくことが必要である。すなわち，社会的合意形成で重要なのは，理論，技術，経験という三者の不可分な融合である。

社会的合意形成のプロセスは不特定多数のステークホルダーが関係するということで，多様な人びとが話し合いに参加するので，対立も複雑であることも想定しなければならない。したがって，コンセンサス・コーディネータは，どのような事態にも対応できる技術と経験，能力をもつよう努めるべきである。

12 コンセンサス・コーディネータは，きわめて困難な合意形成があることも認識しておかなくてはならない

　ダムの建設のようなケースでは，是か非かという二者択一しかないため，対立する人びとのすべて，あるいは多くを満足させる合意形成を構築することは，はじめから不可能であることがわかっている。ごみ処理施設や原子力発電所の建設，高レベル放射性廃棄物処分場のような，いわゆる NIMBY（not in my back yard）の問題，軍事的な基地の問題などは，きわめて困難な合意形成である。

　さらに，多様な意見が存在することで，人びとの間に対立や紛争が生じ，ときにはそれらが暴力的なものになってしまう場合もある。個人と個人，個人と組織，組織と組織，国家と国家の間の紛争には，克服の困難なインタレストの対立が存在するからである。

　領土や領海をめぐる紛争，さらには，民族の違いや宗教による紛争になると，対立の根底にあるインタレストは，個人のライフヒストリーを超えて，民族や国家の歴史に深く根ざすことになる。こうした対立や紛争は解決が非常に難しいが，その解決の方法は，ここで述べる合意形成のさまざまな原理や原則と共通のものをもっている。

　日本のような大陸を離れた島によって構成されている国家は，陸続きの国家間や異民族間の対立・紛争の根底に潜むインタレストについての認識が浅いので，対立，紛争に陥ったときの解決に対する経験や理論的蓄積が少ない。このような国内の対立や地域内の対立とは異なったインタレストの認識・分析が必要であるということを認識しなければならない。

4章 社会的合意形成の プロジェクト・チーム

1　プロジェクトマネジメントは，チームで行う

　社会的合意形成は一つのプロジェクトとしてマネジメントすべきである。社会的合意形成を進める仕事は，合意形成をプロジェクトとしてマネジメントするプロジェクト・リーダー，および，プロジェクトマネジメント・チームの仕事である。プロジェクトマネジメント・チームは，事業の固有性，特徴を十分に把握しつつ，話し合いの設計，運営，進行を行わなければならない。

　プロジェクト・リーダーおよびチーム・メンバーは，事業主体が決定する場合と，事業主体がプロジェクト・リーダーを決定し，そのプロジェクト・リーダーがプロジェクト・チームのメンバーを決定する場合がある。

　プロジェクト・チームは，合意形成プロセスの構築において，話し合いの場をどのように設計，運営し，また進行するかを決定する。

　実際の話し合いの設計，運営，進行では，参加者が対等の立場で発言でき，かつ開かれた話し合いを実現する。審議会や委員会においても，傍聴席の設置や議事録の公開などを行う。

　公平・公正な話し合いの場の設計，運営，進行は，多様な意見，しかも対立の可能性のある意見を許容するので，対立から紛争へ陥るリスクをつねに含んでいる。そこでプロジェクト・チームは，話し合いがトラブルに落ち込み，頓挫することのないように，リスクを回避し，対立を創造的な合意へ導かなくてはならない。

4. 社会的合意形成のプロジェクト・チーム

プロジェクトは複雑性と独自性を特徴としており，期限の与えられた事業であるから，さまざまな困難に遭遇する。チーム・メンバーが困難を克服するためには，プロジェクト・リーダーが強いリーダーシップを発揮すべきである。この点でプロジェクト・チームの編成はプロジェクト・リーダーが行うことが望ましい。最適なチームメンバーの数は7～8名である。

しかし，すべての事業がそのように行えるわけではない。事業主体がメンバーとプロジェクト・リーダーを同時に決定する場合には，プロジェクト・リーダーの意向を最大限尊重してプロジェクト・チームを結成することが望ましい。プロジェクト・リーダーは，与えられたチームを率いてプロジェクトを遂行しなければならない。

【行基】
　奈良時代の僧行基は，ため池や橋梁の構築，写経といった事業を「知識結（ちしきゆい）」といわれる集団によって行った。知識とはもともと善知識，すなわち僧侶のことであるが，知識結は，ある目的のために結成されたプロジェクト集団であった。行基はいわば社会貢献活動の指導者として社会基盤整備という公共事業（ただし当初は，当時の政府から弾圧された）をプロジェクトとして推進した先駆者であり，知識結というプロジェクト・グループのリーダーであった。

【事例11】　宮崎海岸侵食対策事業（**図4**，**図5**）では，宮崎海岸侵食対策事業プロジェクトマネジメント・チームを組織した。プロジェクトのチーム・メンバーは，宮崎河川国道事務所で海岸を担当する職員とコンサルタント，これにアドバイザーとして合意形成とプロジェクトマネジメントの専門家が参加している。職員は土木工学を学び，また行政職員として国土行政に従事してきた経験をもつ。コンサルタントは，海岸工学の専門家である。このプロジェクト・チームは，制度面の専門家，工学系の専門家，マネジメントの専門家によって組織された。

宮崎海岸プロジェクトマネジメント・チームは，海岸侵食にかかわる社会的

4. 社会的合意形成のプロジェクト・チーム 43

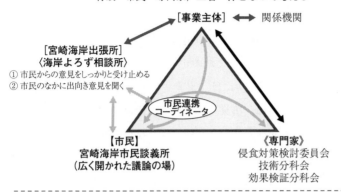

《それぞれの役割と責任》

事業主体…市民からの多様な意見を反映した案（複数）を専門家に提示し，検討を依頼する。また，専門家からの助言をもとに，**責任ある意思決定をする**。

専 門 家…事業主体からの案に対して，事業主体に**技術的・専門的な立場から助言する**。

市　　民…たがいを理解，尊重しながら**多様な意見を出し合い議論を深める**。

コーディネータ…市民からの多様な意見をとりまとめ，事業主体に伝える。また，事業主体が専門家に正確に伝えているか，専門家がきちんと検討しているか**中立公正な立場からチェックする**。

図4　宮崎海岸トライアングル

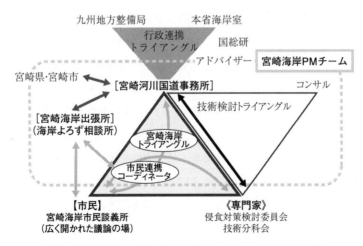

図5　宮崎海岸侵食対策事業のプロジェクトマネジメント体制

合意形成を円滑に進めるために「宮崎海岸トライアングル」を考案し，これを実施した。

プロジェクトマネジメントの観点から事業全体をとらえ，そのなかに社会的合意形成をきちんと位置づけようとしたのが，「宮崎海岸トライアングル」である。「宮崎海岸トライアングル」には，事業主体と市民と専門家の関係が表現されている。特に重要なのは，事業主体としての行政（国土交通省宮崎河川国道事務所）と市民をどう結ぶかという課題に新たなしくみで応えようとしたことである。このしくみは

① 宮崎海岸市民談義所の設置
② 海岸よろず相談所の開設
③ 市民連携コーディネータの設置

の三つから構成される。

「宮崎海岸トライアングル」の特徴は，市民参加の新たな場，宮崎海岸市民談義所を開設したことである。談義所は，宮崎海岸の侵食対策を課題として，国と県が共同で開催してきた宮崎海岸懇談会と海岸勉強会を統合，進化させたものである。

宮崎海岸侵食対策事業のような社会基盤整備では，住民・市民が事業に完全に一致した状況に達することは難しいので，社会的合意ということがどのような条件で達成されるかということについて基本的な考えを示すことが求められた。話し合いのなかで「たがいを理解，尊重しながら多様な意見を出し合い，議論を深めることで，たがいに納得できる，手段を含めた方向性を見出すこと」が市民的合意の意味であるとした。この考えは，社会基盤整備における社会的合意形成の意味を考えるうえで基本的な方向を示すものである。

市民の意見は，二つの通路で事業者である行政と市民連携コーディネータに伝えられる。宮崎海岸市民談義所と並んで重要な役割を果たすのは，海岸よろず相談所である。住民・市民は，いつでも海岸よろず相談所の窓口で自分の意見を述べることができる。訪れた住民・市民から意見を聞くだけでなく，地域に積極的に出向いて地元の意見を聞くことを任務としている。

開かれた場での意見交換では，積極的に発言する人と意見を述べることに躊躇する人がいる。また，意見交換の場に出向かない人びともいる。海岸よろず相談所は，いわゆるサイレント・マジョリティ（意見をいわない多くの人びと）の意見も出向いて聞くという積極的な姿勢で市民の意見の収集にあたる。こうして集められた意見は，事業主体（国），関係機関（県・市），専門家，市民と共有され，海岸事業へと反映させることができる。

宮崎海岸市民談義所，海岸よろず相談所と並んで，「宮崎海岸トライアングル」のもう一つの目玉は，市民連携コーディネータの設置である。事業者と市民，専門家がそれぞれの立場からきちんと責任ある発言を行い，また，それぞれを理解，尊重しながら話し合いを進めるためには，中立的な役割を果たす第三者の存在が不可欠である。「宮崎海岸トライアングル」では，この役割を市民連携コーディネータが果たす。

市民連携コーディネータは，中立公正な立場を維持しつつ，市民，専門家，事業主体の間をつなぐ。また宮崎海岸市民談義所での話し合いにおいて，市民が海岸事業の問題に対する理解を深め，なんらかの一致した意見の方向性を見出せるよう話し合いを促進する。さらに，こうした市民連携の機能が円滑にプロジェクト全体に反映されるように，プロジェクトのマネジメントに対してもアドバイスする。したがって，市民連携コーディネータはプロジェクトのアドバイザーでもあり，また，話し合いのファシリテータでもある。

合意形成の成否は，市民どうしの話し合い，あるいは，市民と行政の話し合いだけに依存するわけではない。合意形成は，事業主体が市民の意見をどのように受け取り，それを事業にどう反映させるかという，事業者の責任ある意思決定と不可分である。事業者は，市民が示した方向性を誠実にふまえ，専門家の意見を聞きながら，事業についての責任ある意思決定を行う。もちろん，その意思決定には，事業についての説明責任が不可欠である。

以上のような連携の構造をふまえて，「宮崎海岸トライアングル」は，事業に参加する関係者のそれぞれが役割と責任について自覚するよう求めている。

① 事業主体は，市民からの多様な意見を反映させた複数案を専門家に提示

し，また，専門家からの助言をもとに責任ある意思決定を行う。
② 専門家は，事業主体から示される案に対して，事業主体に技術的・専門的な立場から助言する。
③ 市民は，たがいを理解，尊重しながら多様な意見を出し合い，議論を深める。
④ 市民連携コーディネータは，市民からの多様な意見をとりまとめ，事業主体に伝える。また，事業主体が専門家に正しく伝えているか，専門家がきちんと検討しているか中立公正な立場からチェックする。

宮崎海岸侵食対策事業は，このような体制のもとで話し合いを進めていった。

プロジェクトでは，まず事業主体である行政と市民，それに専門家との間で失われていた信頼関係の構築に多くのエネルギーと時間を費やした。その後，三者の信頼は徐々に回復し，三者がたがいを尊重しつつ，創造的な話し合いの実現にこぎつけた。その成果として，市民と行政と専門家の協働で開発した「サンドパック埋設工法（砂れきを袋詰めして海岸に埋設する工法）」という環境配慮型の工法を護岸整備の方法として開発し，1年間の試行を経て本施工を行い，海岸侵食対策の効果を上げるに至っている。

信頼関係の構築を目標とする話し合いでは，それぞれの役割の確認と話し合いの場のデザインについて，関係者が合意することが最初のステップであった。以上のように，宮崎海岸での合意形成の思想は，「宮崎海岸トライアングル」によって表現された。

2 プロジェクト・チームは，プロジェクトを設計，運営，進行する

プロジェクト・チームは，社会的合意形成をプロジェクトとして設計し，この運営を行って，合意形成を実現する。そのプロセス全体について責任を負い，そのつど過程がうまくコントロールできているかをチェックする。プロ

ジェクトは，適切にマネジメントされたときにはじめて，その成果をすぐれたものにすることができる。

プロジェクトマネジメントとは，プロジェクトの諸条件を満たすためのプロジェクト活動への知識，技能，手段，技術の応用である。

社会的合意形成をプロジェクトとしてマネジメントしようとするときには，プロジェクト・チームはつぎのような点をチェックする。

① **合意形成過程の社会的必要性の確認**
参加型の事業がどうして必要なのかを関係者全員が明確に把握していること。

② **プロジェクトの目的の明示**
なにをいつまでに達成しなければならないかという点について確認しておくこと。

③ **行政制度などとの関係の明確化**
関係機関，例えば，国の事業なのか，県の事業なのか，市町村の事業なのか，あるいはそれより小さな区単位の事業なのか，もしくは，これらが組み合わさったものであれば，どのように関係しているのかを明確にしておくこと。

④ **コンフリクト・アセスメント**
事業推進の過程で生じることが懸念される対立，紛争はどのようなものか。なぜそれらが想定されるのか。対立する意見の調査およびその理由を調査すること。

⑤ **推進組織の構築**
推進組織の責任体制を組み立てること。

⑥ **運営・進行チームの組織**
具体的な話し合いの場の設計，運営，進行を行う主体はだれかを決定すること。

⑦ **スケジュール，進行管理**
時間管理をどのようにするのかを決定すること。

⑧ **予算管理**

どのくらいの予算が必要で、また使用可能なのかを掌握すること。

⑨ **品質管理**

プロジェクトの成果物の品質をどのように保証するかを示すこと。

⑩ **作業領域の管理**

目標達成のために必要な仕事と不要な仕事とを明確に分けておくこと。目標達成に至るプロセスで行うべき作業を区分し、順序づけること。

⑪ **リスク管理**

事業を頓挫させるリスクにはどのようなものがあるか、そのリスクをどのように回避するか、あるいは、どのように分散させるかを考慮しておくこと。

⑫ **記録と文書化**

事業の記録とその文書化、情報開示、マスコミへの対応をどのようにするかを明示すること。

⑬ **評価への対応**

プロジェクトがどのような点から評価されるのか、その評価項目をあらかじめ検討し、評価に資するような資料を作成するためにはなにが必要であるかを考えておくこと。

3 プロジェクト・チームは、プロジェクトの目標管理および作業領域管理を行う

プロジェクトの目標管理とは、プロジェクト・メンバーがプロジェクトの目標をつねに明確に保つことができるようにすることであり、そのための種々の工夫や実行するための努力である。

プロジェクト・チームはプロジェクトの目標をプロジェクトの進行中において明確に保たなければならない。しかし、メンバーの交代などが生じたときには、目標が全体で共有されることが困難な場合がある。したがって、目標はプ

ロジェクトの個々のフェーズ（局面）で繰り返し確認しなければならない。

　プロジェクトの開始から終了までの間にはさまざまな作業が求められる。その遂行には外部環境からのインパクトがあるので，紆余曲折が存在する。目標に至る道程は直線的ではない。目標に至るまでのプロセスでどのような範囲のことが事業に関係するかを見極める必要がある。同時に作業領域管理には，外的要因からのインパクトに対応するための作業も含めておく。目標とこれを達成する作業との関係が明確になっていないと，作業を進めながら事業範囲の外に出てしまっても気づかないからである。

　事業にかかわる領域を見極めて作業が逸脱することを防ぐのが作業領域管理である。プロジェクトは時間のなかで進行する作業であるから，進行にともなう状況の変化に応じて作業の射程もまた変化する。したがって，作業範囲の管理は，プロセスのあらゆる時点で確認されなければならない。

　目標に至る過程でプロジェクト環境が変化し，目標達成までの事業範囲を変更しなければならない場合がある。こうした状況では，プロジェクトの進捗の過程で，事業範囲に入ってくる要素が異なる。目標達成のために，変化する要素や新たに出現する問題への対応をチェックすることも作業領域管理に含まれる。

4　プロジェクト・チームは，プロジェクトのライフサイクル管理を行う

　プロジェクトは，企画，計画，実行，終結のフェーズをもつ。すなわち，ライフサイクルをもつ。プロジェクトマネジメントの作業は，このフェーズの全体にかかわる。

　プロジェクトが終結するのは，目標が達成されたときか，目標の達成が不可能であることが明確になったときである。

　プロジェクトの目標はつねに明確に定義され，プロジェクト・チームに共有されていなければならない。どのような目標を達成すべきかを考えるのが企画，

その目標を達成するためのプランをつくるのが計画，その目標を実現するプロセスが実行である。実行プロセスが完成したとき，プロジェクトは終結する。

プロジェクトは，目標への到達過程でいくつかのフェーズあるいはステージ（段階）をもつ。したがって，プロジェクト・チームはこうしたフェーズやステージの区分をしっかり行い，事業が着実に進行しているかをチェックしながら，プロセス全体の管理を行う。

5 プロジェクト・チームは，合意に至るために必要な項目についての議論を後戻りさせないためのフリーズポイントを明確にする

合意形成のプロセスでは，話し合いの過程で，堂々巡り，蒸し返しなど議論の進捗を阻害することがしばしば生じうる。そこでプロジェクト・チームは，話し合いを推進する過程で，それ以上後戻りしないフリーズポイント（凍結点）については，ステークホルダーとの話し合いで確認することが重要である。

フリーズポイントは，当初予定されたフェーズやステージにおいて確認されることもあるが，話し合いの進行にともない，紛争が予想されるようなケースでは，そのつど確認事項を設定し，これをフリーズポイントとすることも考えられる。

6 プロジェクト・チームは，プロジェクトの開始に先立って結成され，プロジェクトの終了とともに解散する

プロジェクト・チームは，一つのプロジェクトの推進のために組織され，プロジェクトが終了すると解散する。もちろん，プロジェクトがつぎのステージに入って継続することもあるが，これを一つのプロジェクトとしてマネジメントするか，あるいは別のプロジェクトとしてマネジメントするかは，重要な決定である。もしもプロジェクトが終了し，つぎのステージに移行する場合には，プロジェクト・メンバーを入れ替えることができる。プロジェクトの推進

にとって不適切なメンバーがいる場合には，プロジェクトをいったん終了し，メンバーの入れ替えを図ることも必要である（**図6**）。

宮崎海岸侵食対策事業の進め方

ステージⅢ（H25）《ステップアップサイクルの実施》
① 市民と専門家で談義し，ステージⅢの目標を共有
② 第2次工法の効果の調査
③ 第2次工法に修正，改善を加えて，対策を着実に推進

ステージⅡ（H22〜）《ステップアップサイクルの本格運用の開始》
① 市民と専門家で談義し，ステージⅡの目標を共有
② 技術検討と市民との談義を実行，侵食対策の検討，計画
③ 侵食対策の検討，計画をふまえた第2次工法を決定
④ 第2次工法に着手し，ステップアップサイクルを開始

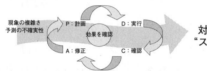

ステージⅠ（H19〜）《技術検討への多様な参加の推進》
① 事業推進の考え方（方針と体制）の確定
　⇒トライアングル・ステップアップサイクルの構築
② 事業の推進体制の構築，共有
　⇒侵食対策検討委員会・同技術分科会の設置，開催
　⇒(仮称)住吉海岸懇談会・海岸勉強会の設置，開催
　⇒市民連携コーディネータ・市民談義所・海岸よろず相談所・宮崎の海岸をみんなで美しくする会の設置，開催
　⇒ホームページの公開，海岸よろず相談所だよりの発行，ご意見箱の設置
③ 技術検討と対策の実施
　⇒海岸の現状（防護・環境・利用）の把握，侵食要因の調査・整理，メカニズムの検討
　⇒試験養浜（第1次工法）の実施，効果の調査，改善

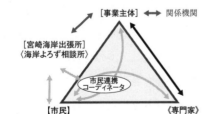

図6 宮崎海岸侵食対策事業のステージ管理

目標が達成されたとき，あるいは目標達成が不可能であるとき，プロジェクトの終結が宣言される。しかし実際のプロジェクトでは，いつプロジェクトの終結を宣言すべきかということはつねに明確であるとは限らない。

プロジェクトの終結宣言をいつどのように行うべきかということは，プロジェクト・チームの重要な仕事である。プロジェクトの終結が困難に直面するのは，プロジェクトと定常業務とが明確に区別されていないときである。定常業務のようにプロジェクトに従事する人は，プロジェクト業務であるにもかかわらず，プロジェクトがいつまでも続くと考えるからである。達成するべき目標がメンバーに明確になっていないときには，やはり終結宣言が難しい。なぜならば，いつどのように目標に到達したかを判断できないからである。

さらに，プロジェクトとしてマネジメントされてきたことが関係者に意識されていない社会基盤整備の場合には，事業の遂行が不可能であるという判断を下すことが難しい。特に，ダムの建設で道路のつけ替えや水没地域の家屋移転がすんでしまった状態で，予算や地域社会のトラブルにより計画が中断して何十年も経過しているような状態では，推進も不可能であるが，終結を宣言するのも難しい。

7 プロジェクト・チームには，柔軟なプロセス管理とプロジェクトの状況変化への姿勢が求められる

開かれた合意形成では，どのような人が参加してくるか予測できない点が多い。対立を含みながらも創造的な話し合いが目的となるまちづくりのような，いわゆる楽しい合意形成でもそうであるが，ダム問題のように，当初から対立の存在が明らかであるような苦しい合意形成，苦渋の合意形成では，話し合いの過程でさまざまな不測の事態の発生が懸念される。こうした話し合いでは，当初からすべてのスケジュールとプログラムを決定しておくことは，かえって進行をストップさせ，あるいは，深い対立のなかに入り込んでしまう可能性がある。

4. 社会的合意形成のプロジェクト・チーム　　53

　そこで，話し合いを進めながら，対話の進行をデザインすることが重要である。もちろん，スケジュールとして何回くらいの集会をもてばよいのか，どのようなプログラムでいくべきなのか，概略を決定しておくことは重要であるが，むしろスケジュールに沿いつつも，議論の進行に柔軟に対応することが重要である。

　また，例えば現地視察が必要だという意見があれば，これに対応することも重要であり，また，十分な説明時間がほしいという意見があれば，これにも適切に対応することが必要である。意見を述べたい人の希望も叶えつつ，参加者に十分発言してもらうための工夫も必要である。こうしたことを実行するためには，当初のスケジュールやプログラムを変更する柔軟性をもたなければならない。

　厳しい対立がある場合には，限られた時間のなかにあっても，創造的な議論のなかで共有された意見が熟成され，角のとれた意見へ変化していくように，スケジュールに余裕をもたせることが必要である。こうした熟成の時間を設定することもプロジェクト・チームは考慮する必要がある。課題に対する理解が進まず，討議も深まらないような状況では，置き去りにされる参加者がいないように配慮し，あわてて結論を下すようなことはしないで，つぎの議論の日程の設定を工夫するなどのプロセス管理を行う。

8　よいプロジェクト・チームには，多彩なメンバーが求められる

　プロジェクトは，定常業務と異なり，そのつどユニークな成果が求められる事業である。したがって，前例や慣行にとらわれる人だとつぎつぎに生じてくる新たな事態に対応することはできない。プロジェクトが遭遇する事態は多様であるから，そうした多様な課題に答えられる多彩なメンバーをチームに入れる必要がある。同じような思考パターンと知識，情報をもつメンバーがいくらいても，事態を多角的に検討することはできない。したがって，メンバーはできるだけバラエティに富み，経験や知識，専門分野の異なる人材を求めるべき

である．さらに，困難な事態に対応するためにも，チームは個性的な人材の集団であるべきである．

メンバーは，明確な役割分担の設定によってそれぞれの個性，能力を発揮し，困難な事態においては，たがいに力を合わせて難局に対応することができる．なぜなら，こうしたメンバーは，プロジェクトの達成すべきミッションをしっかりと共有し，それに向かってなすべきことを心得ているからである．

すなわち，すぐれたプロジェクト・チームは，メンバーそれぞれの強い意志や目標達成のモチベーションに支えられている．また，メンバーは目標を達成しようという情熱も共有する．そのために，なにをなすべきかということについてのコミュニケーションがつねにとれる体制を保つ必要がある．

9 よいプロジェクトには，チームワークに積極的なチーム・メンバーが必要である

プロジェクトは，一般に複雑で独自な事業であるから，前例にとらわれていると，つぎつぎに現れてくる難題に果敢に立ち向かうことができない．したがって，実行力のあるプロジェクト・チームを形成するには，つぎのような条件が求められる．

① 明確な目標をほかのメンバーと共有し，その目標をつねにめざしつつ，チームに参加できる人

② 目標達成のための情熱と明確な動機を終了まで持続できる人，つねにほかのメンバーと率直に話し合うことができ，事業の進捗が目標からはずれそうになったり，ほかのメンバーが目標からはずれそうになったりしたとき，率直に，またオープンに発言できる人

③ ほかのメンバーを信頼することができる人，また，ほかのメンバーから信頼される人

④ 困難に陥ったとき，ほかのメンバーをサポートでき，自らもまたサポートしてもらえる人

⑤ 目標に向けてほかのメンバーと協働するときに，対立する意見であっても，自分の考えをしっかりと述べることができ，また，その対立を克服することに努力を払える人
⑥ プロジェクトを進行するうえで，物事の妥当な手順を見極めることができ，またそれに従って行動できる人，あるいは，そのような行動がほかのメンバーから期待できる人
⑦ リーダーの指示に適切に従うことができ，また，指示がなくてもリーダーの意図に沿って行動できる人
⑧ プロジェクトの行程にはさまざまな困難が存在するため，それらの困難を克服することによって成長していくことができる人

プロジェクトの遂行には，プロジェクト・チームにふさわしくないメンバーを排除しておくことが必要である。つぎのような人は，プロジェクト・チームのなかに対立を生み，プロジェクトの推進を滞らせ，プロジェクトの成功を不可能にするので，メンバーからは除外すべきである。

① プロジェクトの目標に対する明確な認識をもたない人，また，プロジェクトの目標の達成に情熱をもつことのできない人
② プロジェクトの推進過程で現れてくるさまざまな困難に立ち向かう意志のない人

毎日同じ業務を誤りなくこなすことに長けている人は，プロジェクトには不向きである。あるいは，規則やマニュアル通りでないと行動できない人もプロジェクト・メンバーにはふさわしくない。

③ 複雑に変化する状況に置かれているプロジェクトの全体像を理解せず，現在置かれている状況がプロジェクトのどのステージにあたるかを理解できない人，したがって，現在の状況に最適な選択肢を考えることのできない人
④ トラブルがもちあがったとき，その原因について言い訳ばかり考える人
⑤ 頑固で柔軟性に欠ける人
⑥ 自己中心的な人，人の意見を聞かない人

⑦　人の意見が理解できない人
⑧　気弱な人
⑨　自分の意見をもたない人，周囲に流される人，指示待ち人間

10 プロジェクト・リーダーが，プロジェクトマネジメントを統率する

　リーダーの仕事で大切なのは，チーム・メンバーとともにプロジェクトの目標を明らかにし，これを実現するための作業領域を示し，これを実現するための戦略をつくり上げることである。

　リーダーは，合意という目標に到達するためのナビゲーターであるが，最終的な合意案は，話し合いの過程のなかで参加者全員によってつくり出す。この意味で，リーダーはプロデューサーであり，ディレクターでもある。

　さらに，リーダーはプロジェクト全体のプロセスをイメージし，現段階がプロジェクトのどのようなステージ，フェーズにあるかをメンバーと確認，共有する。プロジェクトの進行中，プロジェクトの全体に目を配り，目標への方向性を見失っていないかをつねにチェックする。

　リーダーは，プロジェクト・メンバーが目標を共有し，目標に向かって最適な行動がとれるよう，プロジェクトの環境を整えなければならない。そのためには，プロジェクトの置かれている環境について十分な認識をもち，プロジェクト・メンバーのそれぞれの能力や人柄を十分に掌握して，その能力を十分に発揮できるようにしなければならない。また，リーダーは，メンバーのそれぞれの能力にふさわしい仕事を手配し，それぞれにふさわしい権限を与え，プロジェクトの推進に貢献できるようにしなければならない。したがって，プロジェクト・リーダーは，メンバーが能力にふさわしい活動をしたときは，これを適切に評価し，その能力を信頼しなければならない。さらに，メンバーから，それぞれの能力と仕事の評価，権限の付与について十分な信頼を得なければならない。リーダーとメンバーの信頼関係がなければ，信頼の欠如によるト

ラブルが発生する可能性があり，実際にトラブルが発生した場合，これを解決するためにはエネルギーと時間を必要とするため，プロジェクトの推進に大きな支障となる。

プロジェクト・リーダーには，リーダーとしての資質をもつ人が選ばれるべきである。行政主体の事業では，スタート時に組織のトップの人物が自動的にリーダーになることがあるが，リーダー資質をもたない者がリーダーシップをとると，プロジェクトが機能しなくなる可能性が高い。

リーダーシップとは，リーダーの掌握する権力や権限を意味するのではなく，高邁な理想を掲げることのできる能力や人をまとめることのできる統率力，先見性，トラブルの解決能力や，チーム・メンバーの気持ちを理解し，能力や行動を正当に評価できる能力，事業に対するメンバーのモチベーションを高めることのできる能力，あるいは，危機のときに冷静沈着に迅速で高度な判断をし，また責任ある決断をすることのできる能力，さらに，これらの能力ゆえにチーム・メンバーに信頼される人柄・人格など，リーダーのもつべき資質のことをいう。他方，リーダーに不向きなのは，優柔不断な人，頭が固い人，口から出まかせをいう人，八方美人などである。

11 プロジェクトマネジメントには，プロジェクト・アドバイザーが必要なケースもある

社会基盤整備がプロジェクトとしてマネジメントされる際，プロジェクト・チームにプロジェクトマネジメントの専門家が含まれていないときには，アドバイザーが必要な場合もある。このような場合には，プロジェクト・チームは，外部アドバイザーを含むチーム組織になる。

特に公共事業そのものが市民の批判にさらされているときには，事業そのもののプロジェクトマネジメントは事業者が行ってもよいが，社会的合意形成のプロジェクトマネジメントは中立的第三者に依頼することが望ましい。中立公正な話し合いが期待できないと，市民は当初から疑いの目で参加することにな

るからである。

12 プロジェクトマネジメントは、プロジェクトマネジメント会議によって推進される

　プロジェクト・チームのメンバーは、事業に携わる機会をもったことについて、誇りと気概をもつという意志を共有し、社会的合意形成を含むプロジェクトマネジメントの課題の一つ一つについて徹底的に議論を積み重ねる必要がある。プロジェクト全体の目標、プロジェクトの体制、組織、スケジュール、合意形成の手法、手順、コミュニケーション・マネジメントのあり方、特に、多様なステークホルダー間の良好な関係の構築方法、事業推進の過程で想定されるリスクなどについての議論は、プロジェクトマネジメント会議（PM会議）で討議される。この会議の特色は、プロジェクト・メンバーが対等な立場で課題を議論し、よい提案を考案することに徹することである。

13 プロジェクト・チームは、プロジェクト推進において明確な時間意識をもたなければならない

　プロジェクトはある時点でスタートし、ある時点でゴールを迎える時限的・有期的な事業であるから、プロジェクト・チームが与えられた時間をどう管理するかということは、プロジェクトマネジメントのなかのもっとも重要な要素である。

　プロジェクトにおける時間のコントロールは、いくつかの要素に分けることができる。すなわち、社会基盤整備がいつからはじまって、いつ終わるかということ、そのプロジェクトを達成するための作業区分にあたる時間的制約、さらに合意を形成するための作業期間の時間的制約、具体的な話し合いのスケジュールと日程、話し合い1回ごとの構成などである。年単位の大きなものから、1日のうちの話し合いの開始から終了まで、あるいは、一人一人の発言時

間における分単位の時間をも考慮する必要がある。

　20世紀の国土政策のなかでもっとも欠けていたのは時間意識，すなわち，時代の変化に対する深い洞察とそのなかで使われる時間の効率性（計画策定から設計，施工，維持管理に至る時間管理および地域住民への説明や対話の推進に関する時間管理）の認識であった。

　プロジェクトの計画ができたとしても，長い年月を費やす事業では，社会環境や自然環境の変化で，計画そのものの妥当性が疑われるような状況も想定される。多くのダム問題でもそうであるように，30年も40年も前に計画されたものがいまだに着工していなかったり，工事中であったりする。このような事態は，事業をプロジェクトとして推進するうえでのもっとも重要な要素，すなわち，時間管理の点で決定的な欠陥をもっている。

14　プロジェクト・チームは，プロジェクト推進において歴史意識をもたなければならない

　プロジェクトにかかわる時間意識のなかで，特に重要なのがプロジェクトの歴史性についての認識である。合意を形成するということは，意見の違いや対立が存在するということであり，意見の違いや対立の存在とは，対立の生成過程が存在したということである。対立が紛争にまで進んでしまったときには，さらにそうなった歴史的経緯が存在する。したがって，このような事態から問題解決に至るには相応の時間が必要である。

　歴史的経緯という点では，社会基盤整備での社会的合意形成は，事業のどのような段階に合意形成プロセスを組み込むかによって，そのマネジメントも異なる。事業の開始以前から社会的合意形成プロセスを組み込んだプロジェクトとしてマネジメントするのか，事業の進捗過程でステークホルダーのインタレストの間に対立や衝突が顕在化し，これが深い紛争に陥ってしまうことを回避するためのプロセスを構築する作業なのか，あるいは，すでに長期間の対立・紛争によってステークホルダー間の相互不信が極限に達している状態を解決す

るための作業なのかなど，事業がどういう段階なのかによって，合意形成プロセスの構築戦略も異なったものになる。

　深い対立が続いているときには，長い時間のうちに関係者のやり取りによって相互不信が関係者のライフヒストリーにまで浸透してしまっていることもある。こうした状況から抜け出るには，時間をかけた努力とさまざまな工夫が必要である。また事業によっては，ダム建設の是非のように，対立する関係者のすべてが満足できる解決策が当初から不可能な場合もあり，あるいは，第三の選択肢の提案によって解決策とすることができる場合もある。前者の場合には，関係者の全部が満足を得ることの不可能な合意形成，その意味でつらい合意形成である。このような状況においても，話し合いの結果に対する満足と話し合いのプロセスに対する満足を区別することができる。すなわち，つらい合意形成では結果に対する満足を得ることはできなくても，プロセスに対する満足であれば得ることができる。

15　プロジェクトには，長期的な時間管理が不可欠である

　事態が紛糾すると，事業の推進はストップしてしまい，時間ばかりが経過していく。時間の経過は事業の遅延を引き起こし，さまざまな影響を与える。コストの増大はもちろんであるが，その間にもプロジェクト・チーム・メンバーやプロジェクトにかかわるそのほかの人びとに異動があるため，担当者どうしの間の引き継ぎでのコミュニケーション・ギャップのリスクも高まる。こうなると，多様な関係者間の調整はさらに難しくなる。事業は停滞するが，その間にも担当者の人件費は支給されている。

　このように考えるならば，事業をプロジェクトとしてマネジメントするということのうち，時間のコントロールが非常に重要であることがわかる。数十年規模の事業であっても，5年，10年の期間でなにを行うべきか，その計画のなかで今年度はなにを進めるべきか，目標をどのように設定すべきか，それを実現するための作業をどう区分し順序づけるべきか，さらにそれを実現するため

の話し合いをどうマネジメントすべきか，例えば，2時間，3時間での効率的な話し合いをどのように設計するかということまでが大きな課題になる。こうした作業内容が事業推進についての説明責任を果たす際の重要な要素になる。

16 プロジェクト・チームは，プロジェクトの推進を阻害する要因についてつねに考慮し，対策を考えなくてはならない

　プロジェクトは複雑に変動する環境のなかで独自の成果物をつくり出すための作業であるから，前例踏襲型の作業では達成することはできない。あるいは定常業務のように，マニュアルに従っていれば，大過なくまっとうできる仕事ではない。プロジェクトには，つねにプロジェクトの成功を脅かす多くのリスクがつきものである。プロジェクト・チームは，プロジェクトの遂行にともなって現れるであろう多種多様なリスクをあらかじめ想定して，対応の準備をしておかなければならない。リスクにはさまざまなものがあり，その準備，対応もさまざまである。

5章 社会的合意形成の設計

1 プロジェクト・チームは，合意を形成するための諸要素を検討し，目標を定めて，合意形成の工程表を作成する

　プロジェクト・チームは，合意形成プロセスの開始に先立ち，その設計において，プロセスの対象となる課題を明確にし，その事業のステークホルダーを同定して，その人びとのもつインタレストを明らかにする。

　プロジェクト・チームは，合意形成プロセスの設計段階では，つぎのような作業を行う。

① 合意形成の目標の明確化
② ステークホルダーの特定，分析
③ コンフリクト・アセスメント
④ 合意形成から意思決定に至る全過程の設計
⑤ プロセスのスケジュールの決定
⑥ 会議形式の選択（委員会形式，公開討論），討論形式の選択（説明会，公聴会，懇談会，討論会，意見交換会，ワークショップ），あるいはこうした討議・討論形式の組み合わせ
⑦ コミュニケーション空間のデザイン
⑧ ファシリテータおよびファシリテータ・チームの組織
⑨ 招集の方法の決定
⑩ スケジュールの決定および各集会のプログラム設計

⑪ 広報管理，マスコミ対応
⑫ ドキュメンテーション（文書作成管理），情報開示・説明責任の方法の選択
⑬ 合意形成プロセスにおけるリスクマネジメント
⑭ 自己評価方法の選択

2 プロジェクト・チームは，合意形成の目標および作業領域を明確にする

　プロジェクト・チームは，目標を明確に定めて，これをプロジェクト・チームの間でしっかりと共有しなければならない。この場合，プロジェクト・チームの目標とプロジェクトの中で開催される話し合いの参加者がめざすべき目標との関係も明確にしておかなければならない。

　プロジェクト・チームは，その最終目標を明確にし，それを達成するための作業を区分する必要がある。その際，最終目標を達成するための作業を計画時に十分検討し，スケジュールに組み込むことが重要である。それぞれの作業が目標を達成するために必要とされる理由を明らかにすることも大切である。すなわち，目標達成に至る個々の作業が目標達成のための視野のうちにきちんと位置づけられていることを示すのである。これを作業領域管理という。

【事例12】　木津川上流住民対話集会では，プロジェクト・チームの目標は，ダムの建設にあたって事業者が考慮すべき市民の意見をまとめるということであったが，この目標に向かってデザインした住民対話集会では，参加者全員が協働して提出する提案書の作成を目標とした。この目標が達成されたことで，プロジェクト・チームの目標も同時に達成された。

　大橋川周辺まちづくり基本計画策定事業（**図7**）では，プロジェクト・チームの目標は，大橋川周辺まちづくり基本方針と基本計画の策定であり，これは同時に大橋川周辺まちづくり検討委員会の目標でもあった。この過程で開催さ

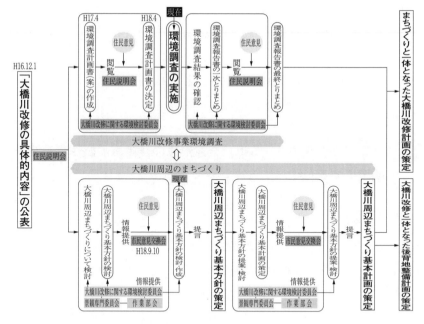

図7　大橋川周辺まちづくりの流れ

れた市民意見交換会の目標は，基本方針と基本計画の内容に反映すべき市民の意見の提案とその整理であった。

　さらに，基本計画策定のためには，大橋川の環境検討委員会および景観検討委員会の議論が平行して行われていたため，これらの委員会の結果も組み込む作業もまたプロジェクトの射程のうちに組み込まれていた。

3　プロジェクト・チームは，合意形成プロセス構築の目標を定めるために，コンフリクト・アセスメントを行う

　合意形成は合意を形成することが目標であるから，合意すべき問題とそれをめぐる対立構造を明らかにしなければならない。対立の構造を明確にすることをコンフリクト・アセスメントという。コンフリクト・アセスメントは，ステークホルダーの意見と意見の理由を明らかにしたうえで，理由相互の対立構

造を明らかにする。

　コンフリクト・アセスメントにもとづき，どのような合意が可能であるかを描くのであるが，合意で到達する最終的な解は，必ずしも最初から明らかではない。アセスメントによって見定めるのは，どのような方向で話し合いを進めれば，解決策に向かうことができるかという解決の方向性である。最終的な解決策は，あくまで話し合いのなかで発見し，創造することをめざす。

4　プロジェクト・チームは，ステークホルダーを特定する

　すでに述べたように，特定の問題について意見をもつ可能性のある者をステークホルダーという。実際に意見をもっている人も，具体的には意見を表明していないが意見をもつ可能性のある人もステークホルダーである。というのは，意見を表明していないからといって，意見をもっていないとは限らないからである。問題そのものを認識していなかったり，自分には関係ないと思っていたり，あるいは，そのような認識をもつことを妨げる事情があったりする場合には，そのときは意見をもっていなくても，その後意見をいう可能性をもつ。

　ステークホルダーとは，もともと企業，行政，NPOなどの利害と行動に直接的・間接的な利害関係をもつ者を指す言葉であったが，現在では，ある事柄，例えば公共事業にインタレストをもつ人びとを意味するようになった。

　すでに利害関係をもっている人びととはステークホルダーであるが，利害関係を現実にもってはいなくても，利害にかかわる可能性のある人びともステークホルダーである。こうした人びとを表現するのに，「利害関係にある人」という表現は，現実的に利害関係のなかにあり，かつそのことを知っている人を意味するので，意味を限定しすぎる可能性をもつ。

　例えば，市街地の区画整理のステークホルダーは，地権者だけではないのだが，事業者は地権者の意見だけを聞けばいいという考えをもつケースもある。したがって，本書では，ステークホルダーを「利害関係者」とは理解せず，「意見をもつ可能性のある人びと」あるいは「インタレストをもつ可能性のあ

る人びと」という意味で用いる。

　ステークホルダーのもつ意見は，同じように見えても，どうしてそのような意見をもっているのかという意見の理由が異なっている場合がある。意見の違いによって対立の構造がわかる場合もあるが，意見が同じでも意見の理由が異なる場合には，そこに対立の可能性が潜む。意見の理由の違いを把握すると，同じに見えていた意見がじつは違う構造をしていたということがはっきりして，対立の本質が見えるようになる。

【事例13】　国頭村森林地域ゾーニング計画策定事業（**図8**）は，グローバルな地球環境問題を視野に置いた亜熱帯林の森林管理システム構築のための社会的合意形成プロセスの構築という課題の解決を含むプロジェクトであった。

　国頭村のプロジェクトは，地域社会の持続性を実現するという課題とあわせて，統合的・包括的な視点から，亜熱帯林の保護，保全および劣化した自然の再生をも視野に置いた新たな森林管理システムの構築を目的としていた。

　わが国の森林管理は，21世紀に入り大きな転換期にきており，国頭やんば

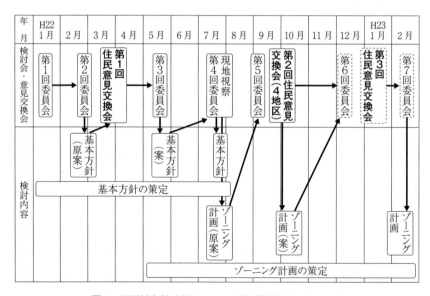

図8　国頭村森林地域ゾーニング計画策定スケジュール

るの森もそうした転換の必要性に迫られていた。その理由は以下のようなものである。

① グローバルな環境問題としての生物多様性保全と地球温暖化対策に対応する新たな森林管理システム（従来の「林業」に代わる新しい時代の「森林業」）の思想と技術の開発，展開が社会的ニーズになっている。
② 自然保護（環境省における国立公園化，生物多様性保全）と地域活性化（林業，エコツーリズムなど）をグローバルな視野のもとで行うことが求められている。
③ 林業，農業を含む地域づくりの理念とそれを実現するプロセスの明確化が求められている。

このような社会的ニーズを満たしながら，環境危機の時代の森林管理システムを実現するためには，多様な行政機関と地域住民，環境に関心をもつ一般市民や環境団体など多くの主体のインタレストの対立をふまえて，事業の展開（例えば，国立公園化，林道の整備と管理，エコツーリズムの展開など）過程で紛争に陥るリスクを回避し，建設的・創造的な合意形成プロセスを構築することが必要となる。そこで，つぎのようなステークホルダーが特定された。

① 森林組合をはじめとする林業者
② 森林政策の影響を受けるほかの事業者（漁業者，観光業者，農業者）
③ 地域住民
④ 地元 NPO
⑤ 環境保護団体，環境保護を強く主張する市民
⑥ マスコミ
⑦ 専門家

本事業でのコンフリクト・アセスメントの結果，プロジェクトにおいて実現すべき課題はつぎのように整理された。

① 国頭村の行政組織間でのコミュニケーション・リスクの克服
② 国頭村と上位機関とのコミュニケーション・リスクの克服
③ 森林組合とのコミュニケーション・リスクの克服

④ 地域住民とのコミュニケーション・リスクの克服
⑤ 上位機関間（環境省と林野庁，沖縄県の林野関係部署，やんばる自然保護官事務所）のコミュニケーション・リスクの克服
⑥ 上位機関と環境保護団体とのコミュニケーション・リスクの克服

プロジェクト・チームは，こうした課題を一つ一つ解決し，1年あまりで国頭村森林地域ゾーニング計画の策定に成功した。

5 サイレント・マジョリティもステークホルダーである

合意形成の推進には，多様な人びとの参加を求めなければならない。特に事業について明確な賛成，あるいは反対の意見をもっている人びとだけでなく，事業について自分の意見を決めかねている人びと，あるいは，事業に無関心な人びとであってもなんらかの関係をもつ人びともみなステークホルダーである。事業に対して発言しない人びと，あるいは無関心な人びとであっても，そのような態度にはいろいろな理由がある。事業に対する正確な情報が与えられていないために関心をもっていないということもあり，あるいは，現時点では自分には関係がないと思っている人びともいる。さらに，事業が税金によって進められているということに考えが及ばなければ，納税者として関心をもつということもない。

合意形成の場に関係者を招集しようとするときには，賛成・反対の意見をもつ人びとだけの話し合いでは議論が平行線をたどり，新たな解決策を提案できないことが多い。新たな解決案の創造には，まだ意見を表明していない多数の人びと，つまりサイレント・マジョリティの参加を求めることが不可欠である。

サイレント・マジョリティは，事業の賛成派からは自分たちの味方であると思われているが，反対派もまたサイレント・マジョリティが発言すれば，自分たちの味方になると思っているケースも多い。いずれにせよ，プロジェクト・チームは，サイレント・マジョリティにも事業の情報をしっかり共有してもらい，発言を求めることが重要である。

5. 社会的合意形成の設計　69

【事例14】　城原川河川整備計画策定事業では，ダムの建設計画が1979年につくられ，予備調査が行われた．その後，計画は進められないまま30年以上が経過した．ところが，この計画は21世紀になり目を覚ますことになった．2003年に城原川流域委員会が設置され，地域住民代表も委員として参加した．委員会では，市民の発言に対し，学識経験者からの恫喝的発言が行われるなど，とても合意の形成に向けた議論とはいえないような事態が進行した．地域住民は多くを語らなかったために，ダム建設に前向きな行政は，これらの人びとをサイレント・マジョリティと呼び，賛成意見をいわない人びとと見なしていた．だからといって，これらの人びとに話し合いへの積極的な参加を呼びかけるかというと，必ずしもそうではなかった．サイレント・マジョリティのなかに，「寝た子」，すなわち，反対意見をもっているが黙っている人びとがいるかもしれないので，「寝ている子を起こす」ことができなかったのである．実際サイレント・マジョリティという表現を用いる背景には，「寝た子を起こすな」という気持ちが含まれていることが多い．

【事例15】　広島県福山市鞆の浦架橋計画問題では，広島県は，明確に対立する市民グループの賛成派と反対派だけの閉じた協議によって問題解決をめざした．しかし，このような進め方は

① 賛成・反対の立場を固定していること
② 協議が公開されておらず，一般市民の共感を得られないこと
③ 情報が示されれば重要なステークホルダーになりうる人びとの存在が排除されていること
④ 解決のための第三案は，対立している二つのグループではなく，少数意見のなかから出てくる可能性が高いが，この可能性を排除していること

などの理由によって，本書でいう社会的合意形成とはいえないような手続きとなった．このような進め方では，ステークホルダーが満足するような合意を達成することはできず，合意形成プロセスの構築は暗礁に乗り上げる．

6 プロジェクト・チームは，ステークホルダーとしての住民と市民の違いを知る

社会的合意形成における住民とは，合意が求められている課題の地域に居住している人びと，あるいは，生活の基盤を当該地域にもっていて問題に対するインタレストを抱いている，もしくはインタレストを抱く可能性をもつ人びとである。

また市民とは，当該地域に居住する人びとに限らず，問題にインタレストをもっている人びと，あるいは，当該の問題から影響を受ける可能性をもつ人びとである。

都市計画法では，行政プロセスに参加する人びとは，「関係市町村の住民及び利害関係人」と呼ばれる。河川法では，河川の流域にかかわるわけであるが，「流域住民」といわず「関係住民」としている。

「市民参加」と「住民参加」は，同じような意味で語られることが多いが，ニュアンスの違いがある。「市民」が意味しているのは，しばしば西洋近代的な思想のもとで理解された近代的個人である。すなわち，個として自覚し，自己主張することのできる人間である。

公共事業の場合には，納税者をステークホルダーと考えるべきである。したがって，事業の説明責任は，納税者全体に対して向けられたものでなければならない。

【住民と市民】
日本の近代化を主題として研究している研究者の多くは，「市民参加」あるいは「市民参画」という表現を用いる。この「市民」は特定の市の住民のことではなく，citizen（都市民）のことである。このような意味で「市民参加」を考えるとき，日本ではサイレント・マジョリティの存在が問題とされ，これらの人びとは近代的な自己の自覚をもたない人びとであるとされることが多い。

すなわち，日本社会は近代化の遅れた社会であるから，参加も合意形成もうまくいかないのだと主張する。

また「市民参加」という言葉は，実際の集会での使用の点でも課題がある。集会に集まる人びとは，多くの場合，自分たちを「市民」ではなく「住民」と考えている。特に町村在住の人びとは自分たちを「市民」とは考えていない。また，農村政策でも住民参加が推進されているが，ここでは人びとの参加は「市民参加」ということはできない。

参加の主体を表現する「住民参加・市民参加」という言葉がめざすものをぴったりと言い表しているとはいえない状態である。そのために，「住民参加・市民参加」がめざす目的についても多くの人びとの間で共通認識をもつことが難しくなっている。

「市民」という言葉には，つぎのような特徴を挙げることができる。

（1） 研究者や欧米流のNPO活動をしている多くの人びとは，「市民」という言葉を好む傾向をもっている。ここで「市民」は，「個であることを自覚し，行動する近代人」を意味して用いられる。この意味では，集会に集まる人びとは，その行動によっては「市民」としての自覚をもたないと評されることもある。例えば，自分の利害にもとづいてのみ発言，行動する人びとなどがそうである。

（2） 農村在住の住民は，「市民」という自覚もなく，また「市民のみなさん」と呼びかけられても，自分たちのことだとは考えない。そこで「農家のみなさん」，あるいは，最近の行政の言葉づかいでは，「農家さん」と呼ばれるという。

さらに，「住民参加」という場合，伝統的な地域社会では，地域の代表が出席する話し合いがあれば，住民参加になっていると考える場合も多い。つまり，自治会長や町内会長，公民館長など，地域社会を代表する人びとは多様であるが，これらの代表者が集まって議論するだけで住民参加になっていると考えるのである。

しかし，本書でいう「市民参加・住民参加」による合意形成は，そうした地位によって代表される人びとによる合意形成ではないケースを重要なものと位置づける。すなわち，あくまで個人の意思にもとづく合意形成である。

（3） 集会でもっとも普通に，かつ自然に用いることができるのは，「住民のみなさん」という言葉である。したがって，「市民参加」の意味を多くの人びとに理解してもらうには，「住民参加」という表現が使いやすい。

（4） ただ「住民参加」では，当該問題に関係する住民だけの参加が可能だというふうに認識されやすい。限られた範囲の住民だけでなく，だれでも参加

> できるとは理解しにくいのである。そこで,「住民のみなさん」という呼びかけの表現も誤解を生む可能性がある。
>
> 　以上のような点をふまえると,社会的合意形成をどのような形で進めるかという点については,概念的な整理をまず行い,そこに込められた意味の分析とともに,日常的な日本語として使いやすいかどうか,使いにくいとすればどうしてなのか,どうすれば使いやすい言葉にすることができるかということをしっかり理解することが必要である。
>
> 　そこでコンセンサス・コーディネータは,話し合いの場ではうまく「住民」「市民」などの言葉を使い分けることが必要である。

【事例16】　行橋市姥が懐保全活動（付図1中の19）では,主体となったのは地域の住民でもあり,また,環境意識の高い市民でもあった。

　福岡県行橋市の沓尾海岸で清掃活動をしながら,岩礁を対象に岩石の勉強会を開催していた地域活動「赤べんちょろの会」は,2005年7月の海の日に,その美しい海岸に道路建設の計画があることを知った。姥が懐と呼ばれる海岸は,行橋市を流れる三本の川の河口に位置している。行橋市の計画は,その15年前に策定されたもので,市は水産庁の補助金を得て,2006年から工事を開始することにしていた。赤べんちょろの会は,ふるさとの美しい海岸を守るために行政への働きかけを開始したが,その方法はいわゆる反対運動ではなく,この海岸の価値を再認識し,その認識のもとに計画の変更を求める市民活動であった。

　市民活動は,「行橋の自然と文化を愛する会」へと発展し,シンポジウムやセミナー,行政への働きかけを繰り返しながら,ねばり強く活動を展開した。その成果として,2007年4月,行橋市は計画を変更する旨の知らせを会に伝えた。こうして,対立の悪化という最悪の事態は回避された。ここで活動した人びとは,行橋市の住民と姥が懐の問題に関心を抱いた行橋市以外の市民である。

7　プロジェクト・チームは，ステークホルダーの意見とともに，意見の理由を分析する

　だれが意見をもっているのか，つまり，どんな人が事業に対してインタレストをもっているかを見定めることがステークホルダー分析である。しかし合意形成では，事業についての意見を知るだけでは不十分であり，その意見の理由を知ることが必要である。

　意見の間の調停では，表面的な合意にしかならないので，問題の解決は持続しない。プロジェクト・チームが，関係者の意見の理由をしっかりと把握するのは，表面的な利害関係だけでなく，意見の背後に潜んでいる意見の理由を見定めて，その間の対立構造を把握し，解決策を見定め，これを話し合いで合意することをめざすからである。

　合意形成は，この意味で，意見の理由に深くかかわっている。意見の理由に当たるのが関心や懸念，つまりインタレストである。合意形成には，ステークホルダーのインタレスト分析が不可欠である。

　意見の理由を尋ねると，地域に根ざした意見であるのか，それともそうでないのかということも見えてくる。環境の悪化を心配している団体に属する人びとが本当に現地の状況を認識して議論しているのか疑問に思える場合もある。現場を知らないまま，環境保護と地域振興とが空中戦を展開する場合も多い。公共事業は，地域の空間構造を根幹から変える事業であるから，地域の状況をしっかり知らないままで事業を進めることは紛争の種となる。

【事例17】　木津川上流住民対話集会では，ダム建設に対して反対だという意見が多かった。しかし，どうしてそのような意見をもっているかというと，「先祖伝来の土地を守りたい」という理由の人と「貴重な生物種が生息しているので守らなければならない」という理由をもっている人とがあり，同じ意見であっても，その理由はまったく異なっていた。

またダム推進の立場であっても,「ダムをつくってくれないと,洪水の心配が消えない」という意見と,「ダム建設を前提として水田の遊水地化を認めたのに,いまだに着工されない。どうして約束を守らないのか」という意見があった。

また,ダム建設賛成派の人が,「地域には,上水道が整備されていない。行政からは,ダムができたら自分たちの地域に上水道を整備してやるといわれた。だからわたしたちはダム建設に賛成しているのだ」と述べた。この意見の理由をはじめて聞いたダム建設反対派の人びとは,この地区の人びとに対して敵意ではなく,むしろ同情を寄せ,「道を一つ隔てた地区には水道が完備されている。市当局は,ダム建設を前提とするのではなく,隣の市と協議し,この地区に早急に上水道を整備すべきだ」という意見を述べた。

8 意見の理由とは,意見の背後にあるインタレストのことである

意見の理由は,「どうしてあなたは,そのような意見をおもちのですか」という問いに対する答えによって示される。この答えは,「あなたは,どのような関心あるいは懸念をおもちなので,そのようにおっしゃるのですか」という問いに対する答えでもある。そこで,意見の理由は,意見の背後にあるインタレストということになる。インタレスト分析とは,意見だけでなく,意見の理由としての関心・懸念を分析することである。

ある意見を述べることと意見の理由を述べることとは異なる。ダムの建設に反対の意見でも,「そこに生息する生物を守るべきだから」という理由と「先祖伝来の土地を湖底に沈めたくない」という理由はまったく異なっている。あるいは,道路の拡幅に反対する人であっても,「商売ができなくなるから」という理由と,「空気が悪くなるから」という理由は異なっている。

「商売ができなくなる」と「空気が悪くなる」という理由は異なっているが,どちらも道路拡幅に反対という意見の理由である。これらの理由は,尋ねなければ明らかにされないこともある。

さらに，意見の理由を尋ねても明らかにならないこともある。例えば，道路事業に反対の人に，「どうして反対しているのですか」と尋ねて素直に「補償金がたくさんほしいから」という人はいないであろう。社会的に批判や非難の対象となるような意見の理由は秘匿されることが多い。しかしコンセンサス・コーディネータは，当事者が口にしない，隠れた意見の理由についても把握する努力をしなければならない。

9　意見の理由の分析には，理由の由来の分析が必要である

　意見の理由についての理解を深めるためには，どうしてそのような理由を形成するに至ったか，つまり，理由の由来を把握することが重要である。意見の理由には，意見をもつ人のライフヒストリーが深くかかわっている場合があるからである。
　プロジェクト・チームは，インタレストを深く分析するため，ステークホルダーの意見，意見の理由とともに，どうしてそのような理由を形成するに至ったかという，理由形成の経緯も分析すべきである。このような意見の理由を形成するに至った経緯のことを理由の由来と呼ぶ。ステークホルダー分析とインタレスト分析には，意見，意見の理由，理由の由来の3点を把握しなければならない。
　理由の由来の認識は，個人のライフヒストリーに関係している。したがって，ときに意見の理由の由来の認識は，個人のプライバシーに関係する。プロジェクト・チームが意見の理由を認識しようとする場合には，個人情報の管理に深く配慮する必要がある。
　深く長い対立，紛争では，意見とその理由，そして理由の由来は，人びとの心のなかで固定化していることが多いので，プロジェクト・チームはそれらを分析することによって，対立の構造，特にインタレスト間の対立構造を把握し，合意形成への道筋を描くことができる。
　しかし，場合によって人びとの対立は，さまざまな混乱した意見の間で揺れ

動くという状況もある。こうした場合，意見とインタレストの分析は難しく，解決への展望を得ることは困難である。プロジェクト・チームは，意見とインタレストがどのような状態であるかを把握し，合意形成の難易度について認識をもつことが必要である。

【理由の由来】

　理由の由来という概念で「由来」を用いるのは，「由来は過去から蓄積され，現在に属し，未来に可能性を開く」という意味が込められているからである。人びとがもっている意見には，さまざまな理由が存在する。その理由の形成過程を把握することによって，その理由の成り立ちがわかる。理由の分析とその由来の分析によるコンフリクト・アセスメントによって解決の方向が示されるのであるから，意見の理由の由来こそが解決に向けた話し合いの鍵を握っている。

【事例18】 東日本大震災にともなう原子力発電所の爆発による広域的な放射能汚染は，地域の人びとに大きな動揺と不安を引き起こした。

　人びとは，放射線のリスクについての情報の変化や政府による立ち入り規制の地域区分の変更によって，現状の認識から今後の行動に至る過程を考えるための選択肢が明確にならず，意見と意見の理由も動揺した。なにを根拠にして自分の意見を形成すればよいかがわからなくなったからである。

　さらに，行政やマスコミによる報道の変化によって意見の根拠となるべき情報が信頼を失うと，人びとはますます意見の理由をもつことができなくなった。このような場合，地域の将来についての合意形成のための話し合いのプロセスをどのように組み立てるかという課題は，大きな困難に直面する。合意形成のための明確なコンフリクト・アセスメントが不可能だからである。

10 コンフリクト・アセスメントは，ステークホルダー分析とインタレスト分析によって行われる

　ステークホルダー間で対立の形が明確になっているとは限らない問題もある。このような問題であっても，ステークホルダーのインタレストの対立構造を分析することによって，解決すべき問題の構造が明らかになる。潜在的な対立を顕在化して問題のよりよい解決へと導くこともプロジェクト・チームの仕事である。

　プロジェクト・チームが合意形成プロセスをデザインするためには，表面的・表層的な意見の対立構造を分析するだけでは不十分で，「なぜそのような意見をもっているか」ということ，「なにに関心・懸念をもっているか」ということ，すなわち，意見の背後にある意見の理由をしっかりと把握し，インタレスト相互の関係を明確にし，これを構造化しなければならない。どのインタレストとどのインタレストが対立するのか，対立が生じてきたのはどのような経緯からであるのか。このように問いながら，意見，意見の理由，理由の由来のそれぞれを構造化することで，対立の本質を明らかにする。この工程がプロジェクト・チームの行うべきコンフリクト・アセスメントである。

11 コンフリクト・アセスメントには，「ふるさと見分け」と呼ぶフィールドワークも有効である

　話し合いを進めるうえで，議論の対象となっている現地に立ち，現場で議論することは，多様なステークホルダーの間の正確な問題把握を促進する。それだけでなく，現地をより広域的に見ることにより，ステークホルダーの多様なインタレストを把握することも可能にする。インタレスト間のコンフリクト構造を把握するためのこの方法を「ふるさと見分け」と名づける。「ふるさと見分け」は，その地域空間の価値構造認識を行うためのものであり，つぎの三つ

の要素から構成される。
① 空間の構造を理解する。
② 空間の履歴を掘り起こす。
③ 人びとの関心・懸念を把握する。

空間の価値構造認識を地域の人びとや行政担当者などの関係者と同じフィールドで行うことは，インタレスト分析，コンフリクト・アセスメントにとって非常に役に立つ。例えば，河川の流域構造をこの方法で認識することは，流域の多様な人びとのインタレストの対立を認識しやすくするのである。河川は，上下流，右岸左岸をはじめ多様な利害が衝突する空間だからである。

空間の価値構造と合意形成の関係は，つぎの通りである。
（1） 当該空間の価値構造を明らかにする。
　　a．当該空間とその周囲の空間の構造を明らかにする。そのために，海岸，河川，山岳，道路など地域の生活の骨格を把握する。特に重要なのは，空間の構造を決定する河川や海岸などの水環境によって形成された空間の配置関係である。
　　b．当該空間とその周囲の空間の履歴を明らかにする。履歴とは，生態系と人びとの生活，活動，文化の歴史的全体像である。空間の履歴は，地域が現在の状況にどのようにつながり，また将来どのようになっていくかという可能性をも含んでいる。
　　c．当該空間とその周囲に暮らす人びとの関心と懸念を明らかにする。
（2） ある事業計画によって地域に対立が生じているとすれば，当該空間とその周囲の空間の構造・履歴にどのような変化を起こすかを考える。
　　a．計画立案した人びとがどのような関心にもとづいて事業計画をつくったか，（1）で述べた空間の構造・履歴，人びとの関心と懸念をふまえた事業計画であったかどうかを明らかにする。
　　b．事業計画が，地域の空間の構造・履歴，人びとの生活や関心をどのように変化させる可能性があるかを示す。
（3） 上記（1）と（2）に対立がある場合には，どのような解決案ならば

5. 社会的合意形成の設計　79

対立が衝突，紛争に陥ることを回避し，また関係者全体が納得できるかを話し合う。

　もし計画された事業が（1）で述べた空間の価値構造を認識していない場合には，どのようなことが起こるだろうか。それは，地域の人びとの価値意識に反した事業となるばかりではない。その地域に蓄積された大事なもの，価値あるものを失ってしまうことにもなりかねない。それは地域の財産の喪失であるとともに，将来この地域に生きることになる世代への大切な遺産を失うことでもある。そのようなことにならないためにも，（1）の作業は必要不可欠である。

　ところが，いままでの公共事業では，（1）の要素が重視されてこなかった。なぜなら，公共事業は，一般的に理解できる価値，全国一律の経済性や効率性といった価値によって説明されてきたからである。しかしいま，地方分権の時代にあって，地方らしさ，地域の特色をどう生かすかということが課題になっている。そのためには，まずその地域の地域としての本質を明らかにする作業が不可欠である。

【『古事記』『日本書紀』『風土記』を読む】
　日本の国土の多様性，複雑性の認識には，『古事記』『日本書紀』『風土記』は貴重な文献である。記述されていることが神話であっても，地名は現存するものが多く，神話を語り伝えた人びとが地域空間をどのようにとらえようとしたかについては，そこからたくさんの情報を得ることができるからである。そのほか，地誌や地域の歴史を伝える文書は，地域の本質を明らかにするのにおおいに役立つ。

【事例19】　わたしが「ふるさと見分け」の着想を得たのは，福岡県行橋市の沓尾海岸で進められた道路建設問題に市民団体から呼ばれたことが契機であった。

　この道路建設は，姥が懐と呼ばれる景観価値をもつ沓尾海岸を破壊する事業

であった．沓尾海岸は，古代から北九州の景観資源の価値を語る際に欠くことのできない地域の空間構造，その空間において蓄積された古くて豊かな履歴をもつ空間である．沓尾海岸の道路整備は，この海岸が地域の風土資産として大きな価値をもつものであるにもかかわらず，その価値が認識されずに行われた事業である．空間構造を根本から改変する道路整備という事業によって，海岸の空間構造と景観が改変され，その資産価値を喪失した．

　海岸を破壊する事業は，景観資源・風土資産の価値評価プロセスとその活用プロセスが行政プロセスのなかに欠けていたこと，行政内部にこうした景観資源・風土資産の重要性についての認識が欠けていたこと，行政担当者にこうした資源・資産の評価能力がなかったこと，住民から多様な意見が出されているにもかかわらず，住民合意・合意形成プロセスの構築の必要性について認識がなかったことなどを挙げることができる．

　20世紀の道路整備やダム建設において，景観が二次的な価値しか与えられなかったのは，景観の価値というものに対する認識が不十分であったからである．認識が不十分であった理由にはいろいろなことが考えられる．景観価値について学問的研究がおろそかであったこと，景観価値の評価とそれを資源として活かすしくみが行政プロセスのなかに欠落していたこと，たとえそのようなしくみがあったとしても，現場で整備をする人びとに景観を評価する能力が欠けていたり，不足していたりしていたことなどが挙げられる．かりに景観を評価できたとしても，その価値を活かす事業をどのようにすればよいかということについての理論的な基礎，方法，技術，プロセス認識などが欠けていたことなどについても，多くの問題点を挙げることができる．これらの多くの点は，景観形成に対して多様な意見や対立する意見が発生する原因にもなっていた．

12　プロジェクト・チームの把握すべき主要なステークホルダーの数は，100程度を基礎とする

　プロジェクト・チームは，どのくらいの数のステークホルダーを念頭に置

き，またインタレスト分析を行うべきだろうか．

　大きな事業においても，見出されることが可能な限りのステークホルダーを認識することが重要であるが，実際の合意形成プロセスの構築であれば，ステークホルダー・インタレスト分析の一覧を作成する際，100 前後のステークホルダーの分析表をつくれば，だいたいの問題の構図を理解することができる．それ以上のステークホルダーのリストは，プロジェクト・チームの能力を超えてしまう．

13 プロジェクト・チームは，コンフリクト・アセスメントにもとづき，合意形成から意思決定に至る全過程を設計する

　プロジェクト・チームは，ステークホルダー分析やインタレスト分析によって，対立・紛争の構造を分析することで，解決するべき問題を明らかにする．このコンフリクト・アセスメントの結果により，合意が形成されるべき課題を明らかにし，合意形成プロセスの工程を示すことができる．合意される最終的な解決案が当初は明らかではない場合でも，どのような解決案であれば，対立，紛争を解決する可能性をもつかを示すことができるのである．

　【事例 20】　木津川上流住民対話集会は，国土交通省近畿地方整備局による「淀川水系河川整備計画基礎原案」（平成 15 年 9 月 5 日）およびこれに対する淀川水系流域委員会による「計画策定における住民意見の反映についての意見書」（平成 17 年 12 月 9 日）にもとづく住民対話集会である．わたしは，住民対話集会の運営の考え方と運営方法について，関係者とともに協議しながらその全体を設計し，木津川上流河川事務所および関係者のサポートによって全 6 回にわたる対話集会を実行した（**表 1**）．

　住民意見の反映は，「木津川モデル」を通して実現した．
◎住民対話集会木津川モデル
　① 集会を進めながら，対話の進行をデザイン

5. 社会的合意形成の設計

表 1 木津川上流住民対話集会の進め方と提案書のつくり方

	対話集会	
	午前の部	午後の部
第1回 対話集会 3/20		**対話集会の開始** 参加者全員が対話集会の意義について理解し，木津川の問題点，改善点を提案，川上ダムについての意見や対話集会の進め方についての意見を出し，たがいに認識し合う。
第2回 対話集会 6/5	**ポスターセッション** 住民と河川管理者が資料を示しながら，たがいの考えを発表し合う。	**テーブルセッション** 参加者の意向により，四つのテーマに分かれてたがいの関心を出し合う。 (代替案，利水，ダムと環境，治水)
第3回 対話集会 7/17	**現地視察・意見交換会** 現地を参加者と河川管理者，ファシリテータが一緒に見る。体験，意見，情報についてたがいのコミュニケーションをはかる。	
第4回 対話集会 7/18	**進め方を決める** 対話集会全体の進め方，提案書のつくり方，提案書の構成について方針を決める。 **提案書の構成【前文＋チェックリスト】**	**提案の骨格をつくる** 提案書の骨格として，必ず検討すべき項目を出す。
第5回 対話集会 9/4	**これまでに出した項目のチェック** 前文に記載すべき事項の確認。検討項目リストの大項目，中項目，具体的チェック項目の整理を行う。	**項目の整理** リストで見落としていることはないか確認する。
第6回 対話集会 9/25	各グループごとに対話集会全体として提案できる内容か最終チェックを行う。	**全体で最終チェック** 提案書の確認，署名 ↓ 河川管理者，流域委員会に提出する。

② 手を挙げれば，だれでも参加できるしくみ（ハードルなし）
③ 全員が責任をもって発言する体制（すべての公開）
④ 新しい「反映」のかたち（「反映」＝提案＋対応・説明）
⑤ 提案は提案書で，提案書は「前文＋チェックリスト」で
　　提案書は，河川管理者が川上ダムの問題に対して意思決定する際の検討項目を提示するもの。チェックリストには，対応欄，説明欄もつけるので，提案項目リスト＋対応・説明のチェックリストとして機能する。

⑥ 対話集会は，住民，河川管理者，ファシリテータによる，よりよい提案書をつくるための協働作業

⑦ 対話集会の成果は，提案書＋ファシリテータによる報告書による二段構え

　同意できる考えは提案書で，対立する考えは報告書でもれなく報告する。

　木津川上流河川事務所は，提案書に対し，そのすべての項目についてどのように対応しているかを示し，検討中のものは，そのように明示した。このことによって，住民意見に対する行政の対応が実現した。

　木津川モデルを詳しく説明すると，以下のような内容になる。

　第一に，手を挙げれば，だれでも参加できるしくみ（ハードルなし）をつくる。

　社会的合意形成では，開かれた合意形成が課題である。しかし，対話集会でどの範囲の人びとを招集するかということについては，行政，市民ともまだ模索の状況にある。すなわち，関係者の範囲をどのように決めるかという問題である。

　淀川水系のほかのダムについての集会では，集会参加者を公募し，あらかじめ意見を提出させたうえで招集している。しかし，木津川ではこの方法をとらなかった。なぜならば，参加者を選択する場合に，ファシリテータが中立公正であったとしても，なんらかの基準を設定せざるをえないからである。この基準が中立公正であることを示すことは必ずしも容易ではない。

　第二に，意見の提出を招集の前提とすることは，明確な意見をもつ人びとだけを集めることになり，討論をしながら意見を形成しようと思っている人を排除しかねない。

　第三に，あらかじめ意見を求めておくとすれば，明確な意見をもっている人を集めるのであるから，その人は自分の意見に固執することになりかねない。特に，地域や組織を代表するような形で出席する人は，そうした地域や組織の意見に拘束されるので，議論のなかで譲歩や合意に向かうことが難しい。

　以上のような理由から，社会的合意形成の一つの形として，いっさいのハー

ドルを設けないという形式で行うことにした。

　しかし,「ハードルなし」を実現するためには大きな課題がある。非常に多くの人びとが集まったときには,集会をどのように運営するかということである。例えば,1000人集まる場合と100人の場合と10人の場合では,運営の仕方が異なることは明らかである。そこで,まずどのくらいの人数が集まりそうかという予測を立て,どのような状況になっても対応できるような体制をとっておくことが重要である。どんな人数にも対応できるようにするために,事務局およびファシリテータの心構えも重要である。

　第1回の対話集会には,220名ほどが参加した。ワークショップ形式も取り入れた話し合いで,一人につき付箋4枚を配布し,「木津川に対する思い」「治水について」「環境について」「話し合いの進め方について」の四点について意見の提出を求めた。その結果,800の意見が集まったのである。

14　プロジェクト・チームは,合意に向けた話し合いのスケジュールを決定し,工程表を作成する

　合意形成では結果だけではなくプロセスが重要である。いつまでにどのような対立を克服し,合意に至るかという,話し合いのスタートとゴールにはさまれた期間の時間管理をしっかりと行わなければならない。

　課題によって,一度の話し合いで解決する問題もあるが,1年かかる問題も,2年かかる問題も,あるいはそれ以上継続しなければならない問題も存在する。それぞれの課題に応じて,プロジェクト・チームは,時間管理とスケジュール管理をしっかりと行わなければならない。

15　プロジェクト・チームは,招集の方法を決定する

　合意形成には,具体的な話し合いが必要である。話し合いにだれを招集するかということは,話し合いのゆくえを左右する重要事項である。ステークホル

ダー分析とインタレスト分析およびコンフリクト・アセスメントにより，問題の構造をしっかりと議論できるように，招集する人びとを決定する。

　話し合いが混乱することを恐れる事業者は，推進に都合のよい人びとだけを招集したり，あるいは，オープンな形式をとる一方で情報をできるだけ広く流すという努力を意図的に行わないこともある。こうした「みかけの公開性」は，一度問題が生じると，蚊帳の外に置かれた人びとから厳しい批判にさらされることになる。

　招集の手段としては，マスコミやインターネット，新聞の折り込み広告，地域の回覧板，ポスターやチラシなど，事業に応じた多様な方法を工夫する。

　社会基盤整備は，その影響が長く続く事業である。事業の影響が将来世代に及ぶこともある。将来世代を話し合いに招集することはできないが，現在のこどもたちに話し合いへ参加してもらうことは可能である。こどもたちの参加によって，同じ話し合いの場で高齢者がこどもたちへの配慮もふまえた発言をすることも期待できる。

　女性の参加も重要である。社会基盤事業では，しばしば男性の高齢者ばかりの話し合いになりがちである。こうなると賛否両論の議論であっても，その内容が固定化してしまう。こどもたちや女性の参加は，話し合いの雰囲気を変え，また，テーマに対する多様な視点や視線の可能性を開く。

【事例21】　木津川上流住民対話集会では，「中高生のみなさんも是非ご参加ください」とポスターに記載した（図9）。また，佐渡市天王川自然再生事業水辺づくり座談会（付図1中の3）では，こどもたちも大人に混じって，ふるさとの川の自然再生の議論に参加した。国頭村辺土名大通り整備事業（付図1中の11）では，辺土名小学校のこどもたちが，辺土名大通りに面した商店街などにアンケート調査を実施し，その調査結果が道路整備に反映された。出雲大社神門通り整備事業では，出雲市大社中学校の生徒たちがワークショップに参加し，積極的に意見を述べた。

5. 社会的合意形成の設計

図9　第1回木津川上流住民対話集会ポスター

16　プロジェクト・チームは，合意を形成するための会議形式・討論形式の選択，あるいは，それらの組み合わせを決定する

　事業者である行政が主催する事業の説明会では，コミュニケーションは一方向になりがちである．事業の促進を求める人びとと事業に疑問をもつ人びとは，しばしば「賛成派」「反対派」といわれる．このいい方を少しやわらげて，「推進派」「慎重派」ということもある．いずれにせよ，事業の進行を推す人びととこれに異を唱える人びとは一緒に討議することは少なく，それぞれの意見を事業者に向かって「早く実行しろ」あるいは「反対だ」と主張する．

　事業者からの一方向の説明会は，事業者，賛成派（推進派），反対派（慎重派）の三者の関係を固定し，創造的な話し合いを困難にしてしまう．民主的な話し合いを推進しようとする場合には，事業者からの一方的な説明会は回避すべきである．

　委員会形式は，特定の課題について，事業者によって選ばれた委員が議論す

る場である。問題を中立公正に議論するためには，人選が重要である。事業者の意向に沿うような発言を期待され，そのように期待される委員，特に専門家は，御用学者といわれ批判の対象となる。また，事業者の案を権威づけるためだけの委員会は，御用委員会として批判される。委員会を設置する者は，中立公正と判断される人選を行わなければならない。また，委員会形式では，問題について重要な論点が遺漏なく議論できるように，メンバーを選定する。

　公聴会は，事業者がほぼ固まった計画について一般から意見を集める会合であるから，これについても公開性を確保すべきである。

　市民意見交換会，住民意見交換会，住民対話集会などでは，だれもが参加できるようにするとともに，できるだけ多くの参加者を募る。ただし，使用できる会場や時間帯，さらには地域特性（都市部か農村部か）などもふまえ，マネジメント・チームがしっかりと準備を行うことが重要である。

17　ワークショップ形式の話し合いは，開かれた話し合いでは特に有効である

　開かれた自由な話し合いを求める場合には，付箋を用いたワークショップ形式が有効である。ワークショップは，つぎの点を実現するように配慮する。

① 参加者全員が対等な立場に立つ者として参加する。
② 短時間に多くの意見を集める。例えば，1時間で100名の参加者から4回発言を求めることはほとんど不可能であるが，ワークショップの工夫によって，このことが可能になる。
③ 多数意見と少数意見とを区別し，多数意見を知るとともに，少数意見を尊重する立場を明確にする。
④ 意見を視覚化することで，全員が意見を共有し，また感情的な意見，利害にとらわれた意見を抑制する。
⑤ 項目ごとに整理するとともに，項目ごとの内容についても整理を行う。このことによって，今後の対話集会の大まかな方向性を見定めることが

できる。

⑥　意見を視覚化することで，意見書作成のためのキーワードの抽出を行う。

以上のことを実現するために，つぎのような準備を行う。

・付箋の利用方法の工夫
・配布および回収方法の決定
・回収後の整理法の決定
・整理したものをどのようにまとめるかについての方針の決定

【事例22】　佐渡島トキ野生復帰事業（付図1中の16）では，中山間地でのワークショップを開催するときに，「ワークショップ」は高齢者には理解できないという意見を受けて，「談義所」という名称を用いた。これは，宮崎県日南市飫肥地区にある願成就寺が「談義所」と呼ばれたのにちなんだ名である。談義所は，中世の僧侶たちの学問所であり，仏教的な教義を談義する施設であった。明治維新の折，廃仏毀釈の嵐が吹き荒れたとき，地域の人びとは寺を破壊から守るために，談義所の「義」を「議」に変え，仏教教義の学問所ではなく，地域の人びとの談議の場としたのである。破壊の嵐が通り過ぎたとき，地域の人びとは，再び「義」の字に戻した。この故事にならい，仏教教義の「義」を地域にとって「重要で意義のあること」を談ずる場として，「談義所」としたのである。

ワークショップとしての談義所は，はじめ佐渡島で普及し，その後，宮崎に里帰りして，宮崎海岸市民談義所となった。

18　プロジェクト・チームは，話し合いの会場を選択する

話し合いの会場の選定は，コミュニケーション空間の選定という意味をもつ。また，与えられた空間をより円滑なコミュニケーション促進に効果的な空間にデザインすることも考慮し，デザインに適した空間を選定することが重要である。他方，話し合いの空間の選択が限定され，複数の選択肢が用意されて

5. 社会的合意形成の設計

いない場合には，与えられた空間を最大限工夫して，よりよいコミュニケーション空間にデザインしなければならない。したがって，合意形成の設計にあたっては，よりよい会場を選定し，あるいは，与えられた会場を事前にチェックして，コミュニケーション空間としてふさわしい形にデザインし直しておかなければならない。

【事例23】 木津川上流住民対話集会の第1回集会の会場は，上野ゆめドームという競技場であった。これは，対立的な論争にはふさわしい会場であったが，合意形成にとっては最悪ともいえる場所であった。そこを全員にとって平等な参加の機会であることを示すために，椅子は円形に並べ，その相互の距離をできるだけ近くとり，参加者相互の身体的な距離を少なくすることで，参加意識を高めた（後で疲れる距離だったという指摘があったが，これは意図した通りのことであった）。また，椅子は予想される人数よりもかなり少なく並べて，先にきた人びとがほぼ着席した時点で，後からくる人のために後ろに椅子を並べていった。はじめから多くの椅子を並べると，後ろから着席してしまい，最前方が空席になってしまうことを防ぐためであった（それでも最前列には空席が残った）。

円形に並んだ椅子に着席するための通路には，木津川と川上ダムについての資料をパネルで展示し，必要な情報をできるだけ提供しようという姿勢を示して，参加者の間で情報を共有できるような工夫を行った。こうしたパネル展示は，直接的なコミュニケーションではないが，参加者どうしの情報交換の重要な手段であり，わたしは間接コミュニケーションと呼んでいる。淀川水系河川整備計画策定プロセスを示すパネルや，集会で合意された話し合いのルール，住民対話集会木津川モデル，そのほか意見を付箋に書いてまとめた模造紙など，情報を視覚化する努力を最大限行った。開かれた合意形成プロセスにとっての最大の難敵は，「途中参加プロセスどうでもいい派」ともいうべき人びとなので，こうした人びとにそれ以前の成果をビジュアルな資料として示しておくことは，いくぶんか効果があるという判断もあった。

19 プロジェクト・チームは，ファシリテータおよびファシリテータ・チームを決定する

社会的合意形成では，具体的な話し合いの積み重ねによって，対立を合意へと導く。したがって，具体的な話し合いのファシリテータが必要である。ファシリテータは，話し合いを円滑に導かなければならない。

プロジェクト・チームは，ファシリテータとファシリテータ・チームを組織する。ファシリテータは，単独で話し合いを完全に仕切ることは難しいので，チームを組むことが望ましい。ファシリテータは，プロジェクト・チームのメンバーが務めてもよいし，ほかの人材を用いてもよい。ファシリテータ・チームには，少なくともファシリテータ，サブ・ファシリテータ，記録係の3名が必要である。また，ワークショップなどでグループ討議を行う場合には，ファシリテータ・チームが複数必要になる。この場合，全体を統括する総合ファシリテータも必要となる。

20 プロジェクト・チームは，集会のプログラムを設計する

プロジェクト・チームは，集会のプログラムを工夫する。すなわち与えられた時間を考慮して，そのなかでどのような形式をとるかを議論し，決定する。話し合いでは，事業説明や資料の解説などで時間をとられることがあるが，まず，自由な話し合いの時間を十分確保してから，説明をどのように行うかを考えるべきである。例えば2時間の予定であれば，少なくとも1時間は意見交換にあてるべきである。

【事例24】　木津川上流住民対話集会では，対話集会の回数を十分確保できないというスケジュールのもと，各回の時間を多くとることによって，成果ある対話集会をめざした。第2回はまる1日を使い，10時30分から16時30

分までのプログラムとした。その内容は以下の通りである。

> 第2回木津川上流住民対話集会プログラム
> 10：30　第1部　ポスターセッション
> 10：30　自由見学
> 11：00　各展示の発表
> 12：00　終了
> 13：30　第2部　テーブルセッション
> 13：30　はじめに
> 13：35　全体集会
> 　　　　① 今年の進め方
> 　　　　② 前回出された意見の報告
> 　　　　③ 最近の経過
> 　　　　④ 簡単な質疑応答
> 14：10　テーマ別集会
> 　　　　① テーマごとに分散
> 　　　　② テーマ別集会
> 　　　　　1) スタッフの挨拶
> 　　　　　2) 進め方の説明
> 　　　　　3) 各自意見記入
> 　　　　　4) 意見発表と議論
> 　　　　　5) まとめ
> 15：30　全体集会
> 　　　　① 各テーブルで出された意見の報告
> 　　　　② 全体の意見交換
> 　　　　③ 連絡事項など
> 16：30　終了

21 プロジェクト・チームは，話し合いのルールをつくり，提案する

　ダム建設や高速道路建設などでは，住民の間には，賛成派と反対派の間で意見が厳しく対立していることがある。このような話し合いでは，一般に行政の説明会だけが行われ，行政の説明に対して，賛成派（推進派）は「早く事業に着手しろ」と主張し，反対派（慎重派）は「事業は中止しろ」と主張する。しかし，両方の主張は行政に向けられただけで，住民どうしの話し合いを行うことは少ない。

　住民どうしの話し合いを含む議論の場では，話し合いのルールをつくり，これを掲示して，会議の開始時に確認することが望ましい。こうすることで，参加者に対して話し合いに臨むための心の準備の時間をつくることができる。

【事例25】　木津川上流住民対話集会は，ダムの是非について住民どうしが話し合うはじめての機会であった。会議では厳しい意見の応酬が予想されたので，話し合いのルールを決定し，これを会場に掲示して，毎回話し合いの開始時に確認した。
◎木津川上流住民対話集会での話し合いのルール
三つの原則
　① だれもが自由で平等な発言ができる。
　② 創造的な話し合いをする。
　③ みんなが合意形成に向けた努力をする。
七つのルール
　① 自由で対等な立場で発言する。
　② 特定個人・団体の批判はしない。
　③ 参加者は立場を越えて議論する。
　　参加者の見解は所属団体の公式見解と見なさない。あくまでも，その人個人の意見と見なす。

④ わかりやすい説明，たがいの心情への理解，基本的なモラルの遵守を心がける。
⑤ 客観的な事実の認識と人の心情の理解とを区別し，また，その両方に配慮する。
⑥ そのつど対話集会でまとめを必ず行い，合意された事項を確認する。
⑦ 多様な意見があることを認めたうえで創造的な話し合いを心がけ，意見の違いを越えて提案の作成をめざすとともに，合意された文書は全員の責任において確認する。

また，天王川再生事業では，水辺づくり座談会のルールを明確に示し，参加者に対して，事業に対する認識を共有するように求めている。
① 座談会の議論と合意にもとづいて，県は事業を進める。
② 座談会は，だれもが自由に参加し，発言できる話し合いの場である。
③ 座談会では，地域の将来をみんなで建設的に話し合う。
④ 地域の幅広い意見を聞き，その意見を座談会の議論に反映させる。
⑤ 専門家から専門的なアドバイスを受け，座談会の議論に反映させる。

天王川水辺づくりの体制は，事業者である新潟県が水辺づくり座談会およびアドバイザー会議を設置し，座談会出席の市民および専門家の意見に従って事業を決定，推進するという形をとった。事業の重要な部分は，だれでも参加可能な，すなわち，開かれた話し合いの場である水辺づくり座談会の議論と合意にもとづいて決定される。事業主体である新潟県はこれに沿って事業を推進する。ただ，水辺づくり座談会に出席するのは一般市民であるから，法的・行政的制約や技術的可能性についての知識は必ずしも備わっているわけではない。そこで，行政のほうから情報提供を必ず行う。特に技術的可能性については，専門家の会議であるアドバイザリー会議によって検討され，その内容が座談会の議論に提供される。

事業がある時点からはじまり，ある時点で竣工から維持管理に移行することを考えるならば，事業プロセスは実際の施行だけではなく，計画段階から維持管理までの流れのなかにある。何段階にもわたるプロセスを全体としてまとめ

る作業は，同時に事業主体を一つのチームとして組織する作業でもある。このためには，事業をプロジェクトとしてマネジメントするしくみ，組織，そして人間が必要である。

22 プロジェクト・チームは，コミュニケーション管理を行う

参加者が自由に発言できるというときの「自由」のなかには，意見を形成するための情報が十分に提供されているという条件が含まれる。

情報を共有するという課題に対しては，問題に対する科学的・客観的な認識のための情報を共有するという課題が挙げられる。事業者が住民に対して行おうとする説明の多くは，科学的・客観的な情報の提供である。ここには，「科学的・客観的な情報を共有すれば，住民もそれを理解するはずだ。感情論では問題は解決しない」という認識がある。情報技術はこのような情報を適切かつ大量に提供することが可能である。すなわち，専門的なデータや理論，さらに分析などもインターネット上で公開することが容易であり，大量の情報がアクセス可能である。

しかし，科学的・客観的といわれる説明は，しばしば専門的にすぎ，難解でわかりにくいものになっている。そこで，わかりやすい説明が重要であるとされる。ここでいう「わかりやすい」ということの意味は，「やさしい言葉」「やさしい説明」のことをいうことが多い。そのために，絵を多用して，ビジュアル化する努力も考えられる。

もっとも問題なのは，事業者と住民の間のコミュニケーションギャップの最大の原因である意見の理由を事業者が認識していないということである。この課題が解決されない限り，いくら科学的・客観的な説明をしても，またわかりやすい言葉づかい，わかりやすい説明をしても情報はすれ違いになり，コミュニケーションギャップはかえって深まってしまう。そこで，重要な議題は，このコミュニケーションギャップを克服するということに対して，情報技術はどのような役割を負いうるかということである。

さらに，情報は小出しにしてはいけない。情報を受け取る側にとっては，小出しにされると，その過程そのものが「まだ隠している」という印象を与えることになる。公開できる情報は一度に公開すべきである。公開できない情報（例えば個人情報）は，社会的に十分に納得できる根拠を示して，公開できないものとして明確に示すべきである。

【事例26】 地域空間の価値を知らないまま，あるいは，地域の人びとの意見の理由を認識しないまま事業を進めるのは，これまでの社会基盤整備にかかわる事業，特に土木事業に従事する人びとの教育のなかに歴史や文化，あるいは，人間関係に関する項目がなかったからである。

木津川上流住民対話集会では，優秀な技術者が「大雨になるとどれだけの水が流れ，水位が上昇し，洪水の危険が増すかということを，科学的・客観的なデータを使ってわかりやすく説明しているのに，どうして住民の方々は理解してくれないのでしょうか」といった。しかし，わたしが「では，どうして住民が反対しているのか，その理由を一人一人に聞いたことはありますか」と尋ねると，「していない」という。住民が反対している理由は多様であり，その一つ一つに適切に答える形で説明責任を果たさなければ，住民の納得は得ることができない。科学的・技術的説明によって，どうしたらわかってもらえるか，それを考えなければという，ご理解行政的な発想の人は多いが，住民の多様な意見，それも意見の背後にあって表面化していない理由をどうすれば理解できるようになるかを自分の耳で確かめる人は少ない。

23 プロジェクト・チームは，広報管理，マスコミ対応を行う

合意形成の推進において，広報を工夫することは不可欠の要素である。社会的合意形成においては，不特定多数の関係者が対象となるので，情報の公開をしっかり行わないと，情報を利用できる人びとと利用できない人びとが生じてしまう。両者の間では，選択肢に違いが生じてしまうので，平等・公平な状況

を生み出すことができない。公平・公正な合意形成を行うためには，情報共有のための広報の役割が重要である。

プロジェクト・チームは，コミュニケーション管理の一貫として，マスコミ対応をつねに心がける。担当者を置き，つねに新聞や報道関係者との信頼関係を築くことができるように連絡をとる。

重要な話し合いについては，しっかりと連絡をとり，取材を依頼することが重要である。いわゆる「投げ込み」だけでは，不十分である。

事態が紛糾し，対立が顕在化すると，マスコミはこれを誇張して報道する傾向にある。マスコミは，事件を求めるからである。話し合いの場で取材する記者は，議事が平穏に進んでいるときには記事にせず，紛糾する事態を記事として取り扱いがちである。現場で取材する記者の記事に対し，デスクはさらにセンセーショナルな見出しをつける。こうして多様な意見が飛び交う話し合いは，見方によって対立，紛糾，紛争のように取り扱われる。話し合いに参加していない人びとは，新聞記事を見て，行政の強硬な進め方を想定して参加する。こうして事態はどんどん悪化していく。

24　プロジェクト・チームは，ドキュメンテーションを行う

社会基盤事業および合意形成プロセスについてのドキュメンテーションは，プロセス・マネジメント，コミュニケーション・マネジメントの観点からもっとも重要な作業に位置づけられる。事業の進捗にあわせて，関係者の意見の一覧など，必要な文書をしっかりと整備しなければならない。ドキュメンテーションによって事業の説明責任のレベルが左右されるからである。

【菅浦文書】
わたしが合意形成における文書管理の重要性を知ったのは，琵琶湖北岸の小さな集落，菅浦地区が伝える対立・紛争解決戦略としての文書管理を知ったこ

> とに由来する。紛争が再発したとき，解決の方法としてもっとも重要な技術が文書管理であることをこの小さな惣村（中世の自立した自治集落）は深く認識し，南北朝以降，紛争とその解決を記した膨大な文書とその作成技法を伝承した。

25 プロジェクト・チームは，情報開示・アカウンタビリティの方法を選択する

　公開性と透明性の確保のためには，情報の開示とアカウンタビリティ（説明責任）の確保が不可欠である。情報の隠蔽は，情報に関する正義の欠落である。情報は，ステークホルダー，特に話し合いの参加者が情報に平等にアクセスできることによって，選択肢に対する対等な立場が確保される。はじめから不公正・不公平な情報のもとでは正しい合意形成プロセスを構築することはできない。

　事業の推進にかかわる出来事，開催する会合，決定した事項などは，インターネットや新聞，かわらばん，ニュースなどで広く発信することが重要である。

【事例27】　大橋川周辺まちづくり基本計画策定事業の検討委員会および市民意見交換会では，開会に先立ち，検討委員会委員長が「本日の会議で秘匿すべき情報はございますか」と大きな声で尋ね，これに対し，行政の代表がそれ以上に大きな声で，傍聴席のすみずみに聞こえるように「本日の会議で秘匿すべき情報はございません」と宣言した。こうした方法は，事業者の情報開示や提供に対する積極的な態度を市民に鮮明に訴えるのにきわめて有効である。

26 プロジェクト・チームは，事業のアカウンタビリティを果たすためのトレーサビリティを工夫する

　社会的合意形成では，議論のプロセスがきちんと文書の形で残されていて，

後から結論に至る経緯をたどること，トレースできることが望ましい。このトレーサビリティは，同時に，結論がどのような合意形成の過程を経てきたかということを示すことにもなる。すなわち，結論に至るプロセスのアカウンタビリティを果たすことになる。

【事例28】 大橋川周辺まちづくり基本計画策定事業では，「大橋川周辺まちづくり基本計画」に向けて「大橋川周辺まちづくり基本計画説明資料」を作成した。プロジェクトの最終成果として完成したのが基本計画であるが，この計画を読むだけでは，どのような議論を経て計画ができたのかを知ることはできない。そこで，成果に至る過程で行われたすべての議論を説明資料のなかに整理することで，結論に至るプロセスをトレースすることができるようにしたのである。

説明資料のなかには，検討委員会や市民意見交換会で提案されたすべての意見に番号がつけられ，またその意見が計画にどのように反映されたかという点についての説明欄が設けられている。したがって，説明資料は合意の結果に至るプロセスをトレースできる資料であるとともに，事業主体が関係者の意見をどのように成果に反映させたかを示すアカウンタビリティのための資料ともなっている。すなわちアカウンタビリティをトレーサビリティによって果たそうという思想によってつくられたものである。

27 プロジェクト・チームは，合意形成プロセスにおけるリスクマネジメントを行う

プロジェクトの環境は複雑であり，つねに変動している。プロジェクトの推進主体との相互作用によって，プロジェクトはつねに新しい状況にさらされる。プロジェクト・メンバーは，こうしたプロジェクトの環境をつねに意識し，新たな事態に備えなければならない。プロジェクトの挫折は多くの要因によるが，そのなかでも環境への不適合はプロジェクトの進捗を阻害し，中止へ

と追い込む。プロジェクト・チームは，プロジェクト環境の変動につねに心を配り，プロジェクトの進行を阻止する可能性のあるリスクについて警戒しなければならない。したがって，マニュアルにもとづいてしか行動できないメンバーは，プロジェクト・チームに危機をもたらす，ということも念頭に置かなければならない。

28 プロジェクト・チームは，形成された合意を事業の意思決定に反映させる

　合意が形成された意見は，最終的な意思決定に反映されるべきである。合意形成プロセスに携わる者にとっては，提出された意見がどのようなプロセスを経由して意思決定に結びつけたかを説明できなければならない。

　話し合いに参加した市民は，議会での議員のように代表権をもっているわけではないので，議決による意思決定の責任を負うことはできない。したがって，話し合いの参加者と事業者の間で合意が形成されても，そのことによって事業についての意思決定がなされ，その責任が参加した市民の側に発生するというわけではない。

　合意形成は，意思決定に至るプロセスの一つである。合意形成を行うことが，そのまま事業の意思決定となる場合もあるが，行政と市民の話し合いによって合意が形成されても，両者が同等の権限で意思決定できるかというと必ずしもそうではない。事業の責任はあくまで事業主体の行政にあると考えられるからである。

【事例29】　大橋川周辺まちづくり基本計画策定事業は，一級河川斐伊川水系の河川整備計画を策定する過程で実施された松江市内を流れる区間（大橋川）のまちづくり計画である。

　大橋川は，島根県の宍道湖と中海を結ぶ部分で，水の都松江にとって観光・景観双方において非常に重要な意味をもつ。過去の洪水の経験から治水事業の

必要性があったが，河川整備による拡幅，掘削，築堤は，松江のまちに与える影響が大きく，環境，景観，まちづくりという観点も含めて総合的に計画を策定する必要があった．ところが，中海の干拓問題などもあり，大橋川事業は，37年間中断していた．

斐伊川の総合的な治水の計画は，尾原ダムと志都美ダム，斐伊川放水路と大橋川改修という三点セットで行われる予定であり，本来は下流である大橋川から進めるべきであったが，大橋川の難しさから事業は上流から進み，最後に残ったのが大橋川問題であった．

大橋川本川は国管理，そこに注ぐ朝酌川と天神川は県管理，その間の市街地の内水に対応するのは松江市であることから，大橋川プロジェクトは三者の合同事業ということになった．その三者が，事業の推進のためには合意形成プロセスを構築する必要があることから，わたしに事業の推進役を依頼してきたのである．

この事業で重要な点は，斐伊川水系河川整備計画という法定計画を推進する前段階に大橋川周辺まちづくり基本計画の策定を位置づけたということである．河川整備だけを進めようとすると，どうしても環境，景観，まちづくりという論点は二次的なものになってしまう．そこで行政三者は，河川の法定計画策定に先立ってまちづくり計画を策定し，これを河川整備計画に組み込むという戦略をとった．こうすることによって，河川整備，すなわち治水だけを論点とする議論に終始することを回避することができた．

プロジェクト推進チームである大橋川周辺まちづくり基本計画作業部会の方針は，合意形成と意思決定プロセスをできる限り接近させることであった．具体的には，事業者である行政（国，県，市の合同組織）は，市民の代表が参加する大橋川周辺まちづくり計画検討委員会と，完全に開かれていてだれでも参加できる市民意見交換会とで出されたすべての意見を整理し，事業者のコメントを付記して，最終的な意思決定（大橋川周辺まちづくり基本計画の策定）に反映させた．

市民の代表による委員会での議論と完全にオープンな話し合いの場を通して

得られた意見を最終的な案に組み込むことで，大橋川周辺まちづくり基本計画を策定したが，この計画は松江市議会でのサポートも得られ，最終的な意思決定は，松江市長の「この計画については，大方の合意は得られた」との宣言によって表現された。

【事例30】　合意形成手続きと意思決定手続きを円滑に結びつける工夫をしたのが，宮崎海岸侵食対策事業である。宮崎海岸は，宮崎県宮崎市の大淀川河口部から北に伸びる海岸線のうち，宮崎海岸として指定された区域の海岸である。宮崎海岸はかつて広い砂浜であったが，侵食が進み，一部は海岸に沿って走る高速道路にまで迫っている。

海岸の管理は都道府県が担当しているが，宮崎海岸の侵食対策は，県の事業としては負担が大きいので，平成20年に国土交通省の直轄事業の指定を受け，国土交通省宮崎河川国道事務所に海岸課が九州ではじめて設置され，ここがプロジェクトを担うことになった。

わたしは国土交通省に依頼され，このプロジェクトのプロジェクト・アドバイザーとして合意形成をサポートした。

海岸の侵食対策については，これに反対するステークホルダーはいない。すべての人びとがかつての広大な砂浜の素晴らしさを語り，その再生を願っていた。対立はその工法をめぐってであった。

海岸の管理を担当していた宮崎県は，当初ヘッドランドというT字型の巨大な突堤を7基設置することを計画していたが，これに反対する市民の厳しい批判に直面した。ただし市民といっても多様であり，海岸の環境保護に関心を寄せる人びと，特にウミガメの産卵地を守る活動をしている人びと，海岸を生息地とする鳥類の観察と保護活動を行っている人びと，日本でも有数の波を大切にしたいサーファー，漁業者，それに海岸地域に住宅をもつ地域住民など，それぞれのインタレストは大きく異なっていた。住宅地域への海岸の後退を恐れる人びとがコンクリートで固めてもらいたいという意見をもっていたほかは，当初案に対して批判的な意見をもっていた。

5. 社会的合意形成の設計

　大淀川をはさんで南側の赤江浜という地域では，災害復興工事をめぐってサーファーが行政を相手に訴訟を起こしていて，海岸の整備をめぐっては，地域と行政との信頼関係は，ほぼ無に等しかった。

　わたしが最初に取り組んだのは，事業主体のなかでのプロジェクト・チームの編成であった。プロジェクト・チームがまとまらなければ，合意形成のプロセスもうまく組み立てることはできない。

　プロジェクト・チームは，宮崎河川国道事務所の副所長，海岸課の職員5名，わたしを含めた専門家2名，コンサルタント2名の計9名で組織した（後に人数は増えた）。この事業がどのようなプロジェクトであるかという，プロジェクトの本質について認識を共有し，目標を明らかにして，モチベーションを高めた。また，プロジェクトマネジメントについて学習するプロセスもデザインした。

6章 社会的合意形成の運営

1 社会的合意形成の運営は，プロジェクトのスケジュール全体のマネジメントと，具体的な話し合いの運営の二つからなる

　プロジェクト・チームは，社会的合意形成をプロジェクトとしてマネジメントするために，スケジュール全体をつねに考慮する。そのつど話し合いの役割を明確にし，プロジェクトの目的を定めて，これを実現するための話し合いのデザインを行う。この目的がチームの任務（ミッション）を定める

2 プロジェクト・チームは，社会的合意形成の推進にあたって，プロジェクトマネジメント会議を開催する

　プロジェクトの進行をチェックするためのプロジェクトマネジメント会議の開催は，プロジェクトの推進にとってきわめて重要である。
　行政の行う事業では異動が頻繁に行われるため，プロジェクト・メンバーの交代がプロジェクトの推進にとって大きなリスクになる。新しいプロジェクト・メンバーは，事業についての引き継ぎの時間も短く，その全体像を把握することも難しい。したがって，プロジェクトを円滑に推進するためには，プロジェクトであることの確認とプロジェクトをどのように継続させるかということの確認をつねに行わなければならない。

> **3** プロジェクトの円滑な継続には，プロジェクト・メンバーの知識と情報，関係者との信頼関係，事業に対するモチベーション（熱意）が継承されているかをつねにチェックする必要がある。

　プロジェクトの持続においては，プロジェクトの推進にとって重要な役割を果たしている人びとは，プロジェクトにかかわる知識と情報，関係者との信頼関係，事業に対するモチベーションを持続させているかをつねにチェックしなければならない。

　行政関係者においては，異動によって新任が着任すると，前任者の仕事をあたかも定常業務のように引き継ぐ場合もあれば，前任者と違った仕事をして自分の存在感を誇示しようとする場合もある。どちらもプロジェクトマネジメントにとってリスクとなる。というのは，前者の場合には，プロジェクトの進展に対する阻害要因となり，後者の場合には，プロジェクトの発展的な継続を途切れさせてしまうからである。

　プロジェクト・チームは，知識と情報，関係者との信頼関係，事業に対するモチベーションの三つがつねに確保されているかどうかを継続的にチェックすべきである。

> **4** プロジェクト・チームは，プロジェクトの進行にともない，フェーズとステージについて確認する

　プロジェクトは，開始から展開，終息というライフサイクルをもつので，プロジェクト・チームは，事業がどのフェーズとステージにあるかをチェックしなければならない。この作業を怠ると，プロジェクトのスケジュール管理，時間管理ができなくなるからである。特に，プロジェクト推進時に予期せぬトラブルが起きると，与えられた時間が少なくなって，しなければならない作業に

割ける時間がなくなってしまう。こうなると，プロジェクトは予定されていた期間のうちに終息することができない。

【事例 31】　出雲大社神門通り整備事業は，2010 年 7 月に開始し，2013 年 3 月までをプロジェクト期間とした。工事期間として 1 年を予定していたため，どのような整備を行うかを決定するまでの作業を行う時間は，2 年足らずであり，期限は，出雲大社の大遷宮が行われる 2013 年 5 月であった。これは人間の都合で先送りできない期限であったことから，関係者の緊張感は並外れていた。話し合いはすべてワークショップで行い，そこで整備内容を一つ一つ決定していった。一度として失敗のゆるされない話し合いであったため，行政も市民も話し合いが成功したときの達成感を共有することができた。神門通りは，プロジェクト開始以前に見られた多数の空き店舗がなくなり，出雲大社への参拝客でたいへんな賑わいを復活させた。

5　プロジェクト・チームは，プロジェクトのフェーズとステージを考慮し，フリーズポイントを確認する

プロジェクトを着実に進めるためには，適切にフリーズポイントを設けなければならない。プロジェクト・チームは，話し合いの開始に先立ってプロジェクトのフェーズとステージを想定することで，どのようなステージでフリーズポイントとするかを考慮しておくが，フリーズポイントは，実際の話し合いの過程を考慮しつつ，最適な時点を判断して宣言する。

6　プロジェクト・チームは，どのような形で合意が形成されたかの判断を行い，また，形成された合意がどのように事業の意思決定に反映されるかを確認する

合意形成の成否は，市民どうしの話し合い，あるいは，市民と行政の話し合

いによって形成される合意だけに依存するわけではない。合意形成は，事業主体が市民の意見をどのように受け取り，それを事業に反映させるかという，事業者の責任ある意思決定と不可分である。事業者は，市民が示した方向性をふまえ，専門家の意見を聞きながら，責任ある意思決定を行う。その意思決定には，事業についてのアカウンタビリティがともなう。

このように合意形成と意思決定の役割は，明確に区別されなければならない。

7 プロジェクト・チームは，プロジェクト全体のスケジュールをふまえて，そのつどの話し合いを運営する

話し合いの回数や内容については，プロジェクトの設計時に概略を決めておくが，合意形成プロセスではどのような事態が生じるかを完全に予測できるわけではない。状況に応じて話し合いの回数を増やしたり，あるいは現地見学を行ったり，模型をつくったりすることも必要となる。プロジェクト・チームは，話し合いの進行にともなって，こうした工夫が必要かどうかを判断し，プロセスに組み込むための工夫を行う。

8 プロジェクト・チームは，話し合いの会場を設営し，合意形成の運営を行う

どのような話し合いをどのような場所で行うかということは，合意形成の成否を左右する重要な要素である。話し合いの会場は，それぞれの会議の特性や参加者の違いなどに応じて工夫する。

話し合いの会場としては，行政関係の施設や公共的な施設，例えば公民館，学校などが考えられる。プロジェクト・チームは，話し合いに先立って使用する施設を実見し，どのように施設を使えばよい話し合いができるかを議論する。

> 9 プロジェクト・チームは，空間的協働行為としての話し合いを実現する

　話し合いを創造的なものにするためには，人びとの協働を容易にするようにコミュニケーションのための空間をデザインするべきであり，また，人びとの行為が協働的なものになるよう，さまざまな工夫を行うべきである。

　委員会形式であっても，通常は委員の席をロの字型にしたり，一方をプロジェクターのスクリーン用に開いてコの字型にしたりすることも多い。しかし委員会であっても，席を半円形あるいは半円形に近い形に机と椅子を並べて，やわらかい雰囲気の空間にすることも可能である。

　ワークショップ形式であれば，参加者が席に着いたままで話し合いを終えるのではなく，付箋をホワイトボードに貼るために移動したり，あるいは，休憩時間に茶菓の提供を受けたりするために移動するよう，ボードなど会場の設置物の置き場所を工夫することもできる。身体的移動をともなう行為は，参加者どうしがたとえ対立的な意見をもっていても，創造的なコミュニケーションに参加しているという意識を共有する契機となる。

> 10 プロジェクト・チームは，コミュニケーション空間のデザインを行う

　合意形成は，言葉だけを用いた行為であるように考える人が多いが，実際は異なる。合意形成の話し合いでは，人びとは，実空間に足を運び，座席に着き，同じ空間を共有する多くの人びとのふるまいや意見を見聞きし，挙手し，立ち上がり，発言し，着席する。したがって，プロジェクト・チームは，人間の動きを活用するための工夫をすることができる。合意形成をデザインするということは，合意形成に参加する人びとの行動空間をデザインするということである。要するに，合意形成は，言語行為を中心とする身体的行為ととらえる

ことが重要である。すなわち，合意形成は，空間を共有する言語的・身体的行為である。

したがって，合意形成の設計者や運営者は，参加する人びとの言語行為だけではなく，身体的行為も，よりよい方向の議論ができるようにデザインしなければならない。座席を椅子にするか，あるいは，畳の上の車座（多くの人びとが輪のように内側を向いて並んで座ること）にするかは，合意を形成する場合に非常に重要なポイントである。ファシリテータと参加者との関係をどのような空間構造のなかに配置するかということは，よりよい議論の重要な要素である。プロジェクト・チームは，コミュニケーション空間のデザインを工夫すべきである。

11 プロジェクト・チームは，間接コミュニケーションを工夫する

話し合いのための空間の設計には，平等対等な対話空間の確保という民主主義的な空間の設計という点だけでなく，日本の文化的伝統において話し合いがどのようにもたれたかという点についての考察も含まれる。

参加者が直接対面する形での話し合いよりも，第三の対象（地図であったり，模型であったり，あるいは，大きく印刷された文書であったりする）について語り合う形式のほうが日本的な合意形成の形としてふさわしい。それは，勝ち負けのディベート的な空間ではなく，対立点を明確にしながらも，その対立を越える提案を出し合うという作業にふさわしい空間にするということである。

【茶の湯と合意形成】

有限な空間での資源とリスクの配分が紛争と合意の基本条件であった日本の社会では，話し合いの場もまた空間意識によって特色づけられていた。室町時代につくられたいわゆる会所は，同時に，茶の湯，立て花，連歌のための茶会所，花会所，歌会所になったが，これらの空間を共有して行う行為を通じて，会合の参加者どうしの信頼関係を構築するための空間でもあった。

会所とは寄り合いの空間であり，寄り合いとは会議のことである。しかし，この言葉には，寄り合うこと，歩み寄ることという空間的な接近が，そして，ひいては意見の間の距離の接近が意味されている。このことを考えれば，寄り合うプロセスの重要性が認識できるのである。言い換えれば，いきなり話し合いに入るのではなく，相互の信頼を高めるための，文字通りの寄り合いプロセスが重要である。

　コミュニケーションのあり方をよりよいものにするための工夫として，日本文化に蓄積されたコミュニケーション技術を応用することも考えるべきことである。これを5章でも述べたように間接コミュニケーションと呼びたい。これは，茶の湯，生け花，あるいは連歌など，室町時代から戦国時代に発展した日本の古典文化を話し合いのプロセスに組み込んだものである。

　茶の湯では，政治的には対立関係にある人びとが刀を置いて茶室に入り，床の間の掛け軸や活け花，料理や茶を共有しながらコミュニケーションを交わす。千利休は，そこでのコミュニケーションのタブーをつぎのような歌によって表現した。

　　わが仏隣の宝聟舅天下の軍人の善悪
　　　(ほとけとなり たからむこしうとてんか いくさひと よしあし)

　茶の湯の場に会した人びとがコミュニケーションの方向性を共有し，高度な文化的コミュニケーションを交わしつつ，相互の信頼関係を高める茶道には，合意形成プロセスを考えるにあたって，さまざまなヒントを見出すことができる。

　間接コミュニケーションは，茶の湯の技法に着想を得て，関連したテーマについて間接的に議論を詰めていくという手法であり，また，話し合いの空間のデザインを工夫し，座席を含めたコミュニケーションの空間構造をデザインする方法である。

12　プロジェクト・チームは，話し合いに用いる資料を工夫しておく

　話し合いでは，話し合われている事業について参加者がしっかりと理解し，自分の意見を発言できるようにしなければならない。そのためには，必要な情報をだれでも理解できるような形で提供しなければならない。そこで，話し合

いに用いる資料を工夫しなければならない。

　プロジェクト・チームが資料を準備するときに心がけるべきことは，説明と理解のために与えられている時間はどのくらいであるか，その時間内で理解できる情報量はどのくらいであるかを見定めることである。この点は，説明する側から考えるのではなく，説明を受ける側に立って考えるべきである。どうしても説明する側は，説明の不十分なことを心配して大量の情報を提供しようとするからである。むしろ，参加者に対し，求めるべき意見が十分形成されるようにするために必要な情報と説明のための時間はどのくらいであるかを最初に考慮し，そのうえで，説明の内容を取捨選択すべきである。この際，専門的な用語や説明は極力避け，聞く者の立場に立って考えられた資料はどのようなものかという点から資料をつくるべきである。

13　言葉だけでなく，図や表，絵を用いてわかりやすい資料をつくる

　言葉や文章だけによる説明は，同じ言葉でも人によって理解の深さが異なり，解釈に差が出ることがある。表や図でビジュアル化することで，理解を促すことができる。事業のスケジュールや話し合いのしくみについても図示すると，理解の促進に役立つ。

14　模型を用いることも話し合いの推進に役立つ

　机上での議論ではわからないことも，模型をつくることによって議論の対象に対する実感をもつことができる。建築や橋梁では建造物の模型をつくることは普通であるが，河川や道路などの土木構造物であっても間接コミュニケーションのツールとして役立つ。

　また，縮小した模型ではなく，河川や道路に実物大の模型をつくることは，関係者の意見を促進するのにきわめて有効である。例えば，河川整備事業で実物大の堤防模型や，津波防潮堤の模型などを現場に設置する，あるいは，実物

大の道路照明を設置することなども，話し合いの参加者が具体的なイメージをつくるのに役立つ．

【事例32】　出雲大社神門通り整備事業では，道路と周辺家屋の模型だけでなく，実物の石畳の石および実物大の照明モデルを用いた議論を行った．

　大橋川周辺まちづくり基本計画策定事業では，市民意見交換会のときに模型をつくったが，やや貧弱であったため，後に堅牢な実物大模型を大橋川河畔に設置した．これは実際に堤防に登って高さを実感でき，またそこに如泥石（じょでいいし）と呼ばれる本物の石を配置してイメージを膨らませる工夫を行ったことで，関係者の理解は格段に高まった．この堤防は，大橋川コミュニティーセンター脇の河畔にしばらく設置し，市民がいつでも訪れて体験できるようにした．

　宇田川治水計画策定事業では，協議会において，会場であった中学校の体育館に数時間で模型を組み立て，話し合いの終了後，ただちに解体した．この模型は，議論されていた堤防の高さを実感するためのものであった．上下流によって堤防の高さは異なっていたが，これは床に運動マットを重ねて実際の高さを体験できるようにした．

　清水港津波防災計画策定事業では，地上約2.5ｍの津波防潮堤と富士山の景観の関係を見るために，移動式の堤防を工夫し，何ケ所かで実見を行った．その結果，道路の南北でどう富士山の眺望を遮るかを確認でき，計画に反映することができた．

15　プロジェクト・チームは，話し合いを促進するための道具を工夫，用意する

　プロジェクト・チームは，話し合いに有効なさまざまな道具を準備しておく．特に重要なのは
　① 話し合いの会場の雰囲気づくりのための道具
　　緊張感をもちつつも，創造的な話し合いを促進する会場づくり，空間づ

くりのための道具である。例えば，会場の案内図や参加者の名札，休憩時の茶菓の用意などがある。
② 話し合いを円滑に促進するための道具
付箋，模造紙，サインペン，マーカー，セロハンテープ，ホワイトボード，パソコン，プロジェクターなどがある。
③ 話し合いをきちんと記録するための道具
である。

16 付箋，模造紙，サインペンは，「ワークショップの三種の神器」であり，付箋には，さまざまな機能がある

話し合いに付箋を用いることには，つぎのような利点がある。ファシリテータは，ワークショップの開始にあたって，その利点と方法を簡潔に説明する。
① 意見を視覚化することができる。
② 参加者にほかの参加者がどのような意見をもっているかを同時に認識してもらうことができる。
③ 意見をグループ化し，多数意見と少数意見を視覚的に区分することができる。また少数意見を尊重する話し合いであることを示すことができる。
④ グループ化された意見にタイトルをつけることによって，意見の分類の概要を示すことができる。
⑤ グループ化された意見を中心に質疑を推進するときに，同類の意見については，1枚の付箋について質問し，かつ，ほかの意見についての質問を省略することで，時間を節約することができる。
⑥ 意見の記録として残すことができる。特に重要なのは，付箋をホワイトボードに直接貼るのではなく，模造紙に貼るということである。模造紙は，話し合いの途中に移動することができ，また，話し合いの終了後には証拠として保存することができる重要なドキュメントである。それら

をつぎの会合のときに会場に貼り出すことによって，前回の議論がどのようなものであったかを，来場者，特にはじめて話し合いに参加する人びとに示し，前回までの話し合いでどのような意見が出されたかを見てもらうことができる．こうすることで，新たな参加者が議論を蒸し返すことを防ぐことができる．

⑦ 色の異なる付箋を用いることで，異なったカテゴリーに属する意見を集めることができる．例えば，「地域のよいところは青の付箋に，改善を要するところは赤の付箋に記入して下さい」というようにするとよい．

⑧ 付箋のすみに氏名を記入してもらうことで，発言の主体を明確にし，また記録することができる．

付箋は，7 cm 四方の大きさがよい．これより大きいと模造紙に貼れる数が少なくなり，小さいと見えにくくなる．多くの意見を示すことができ，また，参加者に見やすい大きさで書くことができるからである．記入するには，参加者によく見えるように，鉛筆やボールペンは避け，サインペンを用いる．

17　プロジェクト・チームは，適宜，フィールドワークを行う

社会的合意形成では，具体的な地域の問題について話し合いを行うことが多いので，そのような場合には，話し合いに先立って，あるいは，話し合いの途中において，現場の見学を行うとよい．フィールドワークを通して，ステークホルダーがそれぞれのインタレストを把握し，その対立構造を把握することによって，話し合いで解決すべき問題の本質がよく理解できるようになる．また，話し合いの参加者は，同じ空間を体験しつつ，対立する意見をもっている人びととの意見の理由を認識し，問題解決の方向性を共有できるようになる．

現地実見は，話し合いの途中であっても必要に応じてプロセスに組み込むことも考える必要がある．

18 プロジェクト・チームは，そのつどの話し合いに先立って，メンバー会議を開催する

　プロジェクト・チームは，そのつどの話し合いに先立ってメンバー会議を開催し，そのときの話し合いで行うべき作業の確認と到達すべき目標を共有しつつ，それぞれの役割を確認する。委員会，意見交換会，ワークショップなどの話し合いに先立ってプロジェクト・チームが事前に開催する打ち合わせでは，話し合いの形式に応じた関係者の役割，プログラムの内容，達成すべき目標など，確認事項をしっかりとメンバーでそのつど共有する。

19 プロジェクト・メンバーは，話し合いの開始時と終了時での参加者の表情を観察する

　話し合いが成功したか，そうでなかったかは，参加者の表情に表れていることが多い。開始時に険しい表情であった参加者が，終了した後柔和な表情になって帰ることになれば，その話し合いが成功したことを示唆するからである。

　プロジェクト・メンバーは，参加者の発言の仕方，言葉づかい，表情などからインタレストを推察し，またインタレストの変化を見逃さないようにする。

20 プロジェクト・メンバーは，コミュニケーションのための雰囲気づくりに努力する

　会場の受付をする人びとの表情や態度，言葉づかいは，話し合いの参加者が会場に到着したときに最初に話し合いの様子を感じる機会である。受付や会場設営の人びとの表情が緊張していれば，参加者は，話し合いそのものの緊張感を感知してしまう。話し合いの雰囲気づくりには，話し合いを推進する人びと

の自覚が必要である。

21 プロジェクト・メンバーは，話し合いに先立って，会場が適切に設営されているかを確認する

プロジェクト・メンバー，特にリーダーは，話し合いの会場が最適なコミュニケーション空間になっているか，道具がそろっているかどうか，案内板や受付の位置，机や椅子の配置，ホワイトボードの位置，マイクの調子など，話し合いを構成するすべての準備が整っているかを確認する。

22 プロジェクト・メンバーは，マスコミへの対応を行う

マスコミは，話し合いの進捗や内容について広く社会に情報を知らせる役割を果たす。したがって，合意形成の推進者は，マスコミがプロジェクトについて正確な報道をするように配慮する。事前に事業についての説明を行うことも必要であるが，そのつど話し合いの場において記者発表を行い，質疑の場を設けることも大切である。

【事例33】 大橋川周辺まちづくり基本計画策定事業では，大橋川周辺まちづくり検討委員会や市民意見交換会の後，必ずマスコミ対応を行った。記者発表席をつくり記者やインタビュアーに並んでもらい，最初に質問を出してもらって，重要な質問から答えていくようにした。記者によって学習の程度が異なるので，このやり方によって，だれが一番いい質問をしているかをたがいに認識できるようにしたのである。事業内容を十分理解していないことから発した質問者に対しては，事業について深く勉強する機会がどのようにすれば得られるかを説明した。こうすることによって，事業者とプロジェクト・チームに対するマスコミの信頼関係を構築することができた。

23 プロジェクト・チームは，話し合いの反省会を必ず行い，その成果を確認するとともに，つぎの話し合いの課題を共有する

話し合いの終了後，プロジェクト・チームは反省会を開催し，話し合いが有効であったかどうか，問題はなかったか，問題があるとすれば，次回にはどのように改善できるかということを確認しておく。この反省会そのものも，簡単なワークショップ形式で行うとよい。

7章 社会的合意形成の進行

1 合意形成の進行は，ファシリテータが行う

　ファシリテータは，会議の進行役・まとめ役として，話し合いを成功に導くための中心的な役割を果たす。対立する人びとや関心の方向を異にする人びとの意識を話し合いのテーマに集中させ，問題の本質を明らかにしながら，参加者がその認識を共有するように話し合いを促進する。対立する意見の奥にあるインタレストの対立構造を明確にし，話し合いの過程で，その対立構造を克服するためのアイデアや提案を参加者に求めることによって，話し合いをとりまとめ，結論へと集約していく。

　ファシリテータの仕事は
① 話し合いの参加者全員に，話し合いの到達目標を共有させること
② 参加者の意見を平等に聞くこと
③ 発言者の発言のエッセンスを発言のなかのキーワードで受け止め，これを確認すること
④ 問題の解決に向けて，建設的な提案を求めること
⑤ 建設的な提案をとりまとめること，参加者の合意を得て，結論を確認すること

である。

　厳しく対立する話し合いにおいては，感情的になりがちな参加者の気持ちを鎮め，冷静に問題の克服に向かう創造的な話し合いを実現させることが重要で

ある。

ファシリテータが心得るべきことは，つぎの項目である。
① 話し合いの到達目標への意識共有
② 集会の目的や位置づけの明確化
③ 意見と意見の理由の把握による問題の明確化
④ 個人としての意見の聴取，理由の掘り起こし
⑤ 陳情，批判から提案への転換，建設的な語り返し
⑥ 批判・陳情の抑制と提案型発言の促進
⑦ 熟慮された賢明な提案の評価
⑧ 公正な議論を導き，平等な発言時間を実現するための正義の感覚
⑨ 時間管理

これらのことに配慮した話し合いによって関係者から信頼されることで，話し合いのリーダーシップをとることができる。

ファシリテータは，一つ一つの発言の本質を把握し，これを自分の言葉で繰り返しながら，発言者から確認を得て，参加者全体がその意見の趣旨を理解できるような進行を行う。そうしたうえで多様な意見のなかから協調関係を見抜き，対立のポイントを示して，その対立を克服する方向性を示すことが重要である。

2 ファシリテータは，話し合いの参加者が話し合いの目標を共有できるように工夫する

ファシリテータの最初の仕事は，話し合いの参加者全員に，なんのための会合であるかを明確にし，話し合いの到達目標を共有させることである。この話し合いがなんのための話し合いであるのかその目的を明確にし，話し合いの参加者のだれもが，終了時にこの話し合いはなにを話題にし，なにを目的として話し合い，どんな成果があったかを理解し，また，参加していなかった人にも伝えられるようにする。

ファシリテータは，話し合いがなんのために行われているか，事業全体のなかでどのような位置を占める話し合いであるか，その話し合いでめざすべき成果はなにかということをそのつど参加者全員と共有できるように，説明を怠らないよう務めなければならない。話し合いの目的の確認と目的達成に向かう参加者の意識共有は，ファシリテータが話し合いの冒頭でくどいくらいに説明すべき項目である。

3 ファシリテータは，話し合いの会場全体に配慮し，発言者の意見を参加者全員が理解できるようにする

ファシリテータは，話し合いの参加者全員に配慮しなければならず，またそのような態度をとることにより，参加者がファシリテータの配慮を認識するようにしなければならない。そのためには，話し合いの過程で，会場の全体をつねに見渡し，発言しそうな人，発言したそうな人に気を配らなければならない。小さな会場であれば，参加者の全体を見渡すのは容易であるが，大きな会場では，前方の人びとだけに話しかけるのではなく，参加者のうち中央から後方にいる人びとにも話しかけることを心がける。こうすると，ファシリテータは，すべての人びとに配慮しているという印象をすべての参加者に与えることができる。

話し合いは，参加者がつねに自分の説を主張するだけに終わりがちである。ファシリテータは，発言者のどんな意見もしっかりと受け止めなければならない。また，一人一人の発言について，その主旨を簡潔に要約し，それを記録係に伝えて記録させる。また，参加者全員が理解し，そのような意見があるということを認識できるように進行しなければならない。そのためには，そのつどまとまりのない発言や繰り返しの多い発言は途中で抑制し，相手の発言内容についての確認を行う。意見のエッセンスを表現する言葉をキャッチし，それを繰り返して，「あなたのおっしゃりたいことは，…ですね」などと確認する。

4 ファシリテータは，参加者の意見とともに意見の理由についての情報の共有を進める

　ファシリテータは，「あなたの意見はなんですか」という意見を尋ねる質問だけでなく，「なぜそのような意見をおもちなのですか」という，意見の理由，すなわちインタレストと，「なぜそのような意見をもつに至ったのですか」という理由の由来について問うように心がけなければならない。

　参加者には，自分以外の参加者の意見がどのようなものであるかということ，なぜそのような意見をもつに至ったかということをしっかりと把握するように求める。したがって，ファシリテータは，参加者の意見とその理由について，共有できるような進行を行わなければならない。

5 ファシリテータは，問題をインタレストによって再定義する

　ファシリテータは，議論の対象となる問題を抽象的な問題や技術的な問題ではなく，ステークホルダーのインタレストによって再定義する。すなわち，話し合いのなかでインタレスト相互の対立構造を明確にし，ステークホルダー間の話し合いによって解決可能な形に提示する。こうすることで，参加者は対立構造を客観的に認識できるようになる。さらに対立する意見をもつ人の立場に立って，問題の構造をとらえることもできるようになる。このことは，自分の立場を相対化することができるということを意味している。

　対立する人びとが対立の構造全体を理解，共有することができるように，ファシリテータは，ステークホルダー分析，インタレスト分析，コンフリクト・アセスメントによってあらかじめ対立構造のイメージをもっていなければならないが，実際の話し合いのなかで，より正確なアセスメントを行い，合意の方向性を見定める。

6 ファシリテータ・チームは，ファシリテータ，サブ・ファシリテータ，記録係で構成する

　サブ・ファシリテータは，ファシリテータのアシスタント的な役割を果たすために，つねにファシリテータの脇に立ち，話し合いの進行がつつがなく行われるよう全体に配慮しなければならない。特に時間管理については，サブ・ファシリテータはつねに時計を見て，ファシリテータに時間を知らせることが重要である。ファシリテータは進行に専念しており，議論が白熱してくると，時間を忘れがちになるからである。

　また，合意形成において，記録はもっとも重要な要素である。プロジェクトにおいては，記録のつくり方をあらかじめ十分議論しておかなくてはならない。記録係は，話し合いの成果をしっかりとドキュメントとして残すために必要な作業を行う。きちんと記録が残っていないと後で議論の蒸し返しになったり，透明性や公開性の点で社会的非難を受けたりする。記録係は発言者のすべての発言を記録し，かつ，すべての参加者が発言を記録しているということを認識するように心がけなければならない。発言者は，自分の発言が記録されていることを意識して，冷静な発言を心がけるようになるからである。ファシリテータは，こうした記録係の役割が適切に行えるように話し合いを進行させる。

7 ファシリテータは，話し合いの参加者すべてに敬意をもつ

　ファシリテータは，話し合いの参加者の意見をしっかり聞いて理解する能力をもたなければならない。どのような参加者にも敬意を払い，その意見を尊重し，意見の背後にあるインタレストを見抜き，対立している問題の本質を明らかにし，対立構造を克服する道筋をイメージできるようにする。対立を克服する代替案が考えられるときでも，自らの提案とするのではなく，参加者が話し

合いのなかで，そのような創造的な案をつくり上げるように議論をコントロールする。

　ファシリテータは，話し合いの進行の過程で，どのような事態が生じても冷静沈着にふるまうことができなければならない。ステークホルダー分析，インタレスト分析によって，問題にかかわる人びとの意見を事前に把握していれば，話し合いの際，どのような意見や批判の応酬が起こるか，ある程度予測することができる。しかし，ときには新たなステークホルダーが登場し，想定していなかった意見を出すこともある。こうしたとき，ファシリテータは動揺してはならない。どのような意見であってもきちんと受け止めて，議論を進行すべきである。

　したがって，ファリシテータは，話し合いの動きを察知する繊細な神経とどのような議論にも動じない大胆さ，豪胆さを兼ね備えるように努力すべきである。こうした精神力は，普段から心がけてトレーニングすることが重要である。

8　ファシリテータは，創造的な話し合いを心がける

　ファシリテータは，議論を滞りなく進行させなければならない。問題を参加者に共有させ，多様な意見の違いと対立点を明確にしながら，対立を克服するための話し合いを創造的に進める。そのためには，プログラムの全体をつねに念頭に置き，参加者に対する公平な発言機会の提供と発言時間の公平な配分を実現する。話し合いに与えられた時間のなかでなにをどのように決定するかということをつねに念頭に置く。

　小さな成果を積み上げて，与えられた時間内で参加者に満足を与えられるような進行ができるとよい。参加者が「今日の話し合いは，いい話し合いだった」といって帰れるような，また，参加者が帰った後，今日の話し合いの内容を第三者に簡略的に伝えられるような内容の話し合いがよい話し合いである。混乱した話し合いでは，なにが議論されたのか，なにが決まったのかがわからないことが多いからである。

9　ファシリテータは，意見を批判，陳情から提案へと変換する

　ファシリテータは，人びとの発言を陳情や批判から提案の形に変えるよう話し合いを推進しなければならない。陳情・批判型発言から提案型の発言に転換するということは，発言者の思考のパターンを変えるということを意味する。このことは長年にわたって対立し，批判の応酬を行ってきた人びとにとっては，非常に難しい。プロジェクト・チームは，その難しさをしっかりと認識しておかなければならない。

　それぞれの思いや意見を提案に練り上げることができれば，この表現が参加者相互の尊敬を生み，コミュニケーションを容易にしていく。合意形成の推進役，話し合いの進行役は，このようなコミュニケーションの技術をもつべきである。

10　ファシリテータは，つねに建設的な語り返しを心がける

　厳しい対立のある話し合いでは，相手に対する厳しい，批判的な意見の応酬になりがちである。ファシリテータは，非難の言葉や否定的な表現をキャッチし，これを肯定的・建設的な表現に言い換える努力をつねに行う。ファシリテータの仕事は，問題の解決に向けて建設的な提案を求めることである。意見の対立する問題では，発言者は，対立する者に対して批判的な発言をする。批判的な発言は，「あなたたちは，…だ」や「このような計画は…」というように，しばしば批判の対象を主語としている。ファシリテータは，批判的・否定的な発言ではなく，建設的な提案，積極的な表現を発言者に求めるようにする。「あなたのご批判は，…ということですね。では，あなたはどうすればよいと思いますか。どのような方法であれば，問題は解決されるでしょうか…」と語り返す。こうすることにより，話し合いを建設的な方向に導くことができる。

　ファシリテータの第一の仕事は，参加者の意見を聞くこと，なぜそのような

意見をもっているかという意見の理由を聞き出すことであり，意見の対立構造だけでなく，意見の理由であるインタレストの対立構造を明らかにすることによって，問題の本質を示すことである。そして，発言者の発言のエッセンスを発言のなかのキーワードで受け止め，これを確認することである。

11　ファシリテータは，ワークショップの道具を上手に用いる

KJ法は，文化人類学者の川喜田二郎がデータをまとめるために考案した手法である。データをカードに記述し，カードをグループごとにまとめて図解して，論文などにまとめていく。

【事例34】　山ノ内町で行ったワークショップ（付図1中の14）は，地域の農業と観光を環境配慮型で進めるための話し合いであったが，参加者が求めているものを赤，提供できるものを青の付箋に書き，マッチングを図った。その結果，耕作放棄農地を提供したい農家とそばの栽培を希望する市民との間で合意が形成された。また，国産のそば粉を求めている和菓子店主とそば粉を提供できる農家のインタレストが一致し，国産そば粉を用いた餅の販売が実現した。

12　ファシリテータは，自分の表情をつねに意識する

ファシリテータは，つねに冷静沈着で，温和な表情をするように努めるべきである。ときに発言者は，強い口調で批判的な言葉，さらには，話し合いにふさわしくない品性の欠ける言葉で発言することもある。ファシリテータは，こうした発言にも動揺の表情は見せず，しっかりと耳を傾け，発言者の意見の本質をとらえ，そのキーワードで表現し直し，発言者に確認をする。発言者は，ファシリテータによって自分の意見がキャッチされたことを認識し，自分の意見をファシリテータから聞くことによって客観的に見ることができるようになる。ファシリテータは，こうして発言者の感情をクールダウンする。

13　ファシリテータは，自分の語り口にも気をつける

　ファシリテータは，どのような参加者にも理解できるようなゆっくりした口調で，また，わかりやすい言葉で参加者に話しかける。高めの声よりも，やや低めの声のほうが落ち着きが感じられる。ファシリテータは，話し合いの会場の音響状態にもつねに気を配らなければならない。

　議論は当初想定した通りには進まない。議論にあまり関係のない発言をしたり，過去の議論を蒸し返したりする人も多い。また，議論のコントロールがうまくできないと，予想外の時間経過となる。こうした状況のなかで，ファシリテータはどのような発言にも動揺することなく，場を取り仕切らなければならない。そのためには，当初の予定の変更も含む柔軟な進行を心がける。またスタッフは，ファシリテータのふるまいを観察しながら，柔軟なサポート体制を維持することが重要である。

14　ファシリテータは，話し合いの内容を記録しやすいように進行する

　ファシリテータは，記録係が記録しやすいように発言者の発言内容のエッセンスをキャッチし，これを記録係に記録するよう促して，記録したことを確認する。こうすることによって，発言者は自分の発言をファシリテータがキャッチし，それを記録したことを確認することができる。

　また，ファシリテータが発言者とのやりとりのなかで，発言の趣旨を要約し，記録係が記録しやすいようにすることで，すべての参加者はそれぞれの発言の趣旨を理解し，どのような意見が出されているかを共有できる。

　創造的な話し合いでは，自分の意見を主張するだけでなく，他者の意見をきちんと聞くことが重要であるが，ファシリテータは，参加者全員がこの作業に参加できるように進行を工夫する。

15　ファシリテータは，ラウドスピーカーを上手に抑制する

　批判的な発言を繰り返し，他者の話に耳を傾けない人は，合意形成の進行にとって大きな障害となる。そこですでに述べたように，ファシリテータは，発言を受け止めたうえで建設的な提案を求める。「あなたのおっしゃることは，…ということですね。わかりました。それでは，あなたは，この問題についてどうすればよいと思いますか」と尋ねる。批判的な意見は「あなたたちは…だ。だからだめだ」というように，批判の対象を主語とした発言であるが，提案は「わたしは，…と提案する」といわなければならず，主語を「わたし」，すなわち発言者自身にしなければならない。つまり，発言者は発言の責任を自分自身のものとしなければならない。提案型の発言を行い，その発言に責任をもつようにすることによって，発言に対して責任をもてない人，もちたくない人は，やがて沈黙することになる。批判的な発言の抑制によって，話し合いの雰囲気を改善するとともに，議論を建設的な方向に導くことができる。

16　ファシリテータは，タテマエを尊重する

　公開の話し合いで，ホンネとタテマエを使い分ける発言者に対しては，タテマエ的な発言のほうを尊重する。なぜなら，ホンネは個人的な利害に関係することが多く，タテマエは，社会的に共有できる価値を含むことが多いので，問題解決に向けた建設的な発言に近いからである。

　ファシリテータは，発言者のホンネとタテマエを認識し，タテマエを重視するが，ホンネについても十分理解しておく必要がある。このためにも，ステークホルダー分析とインタレスト分析が重要な役割をもつ。

　個人利害を中心に考えていた人が開かれた場でタテマエを繰り返していると，タテマエがホンネに変化していくこともある。人間は，タテマエをホンネへと変化させていく存在だからである。合意形成は，意見の変化により成り立

つので，この変化のプロセスは重要である。

他方，行政担当者は，事業にホンネでは疑いをもちながらも，タテマエで行政の論理を述べる人が多い。職責上制限される発言内容も多いからである。

そこで，ファシリテータは，こうした職責上の制約についても知識をもっていなければならず，両方を認識しながら，誠実な発言を求めるよう努めなければならない。ファシリテータが行政担当者を拘束する制度的制約に関する知識をもつ必要があるのはこのためである。

17　ファシリテータは，中立公正でなければならない

社会的合意形成の設計，運営，進行のどのレベルでも，事業者は中立性について疑念を抱かれてはならない。そのためには，特に進行は，中立的な第三者によって進められることが望ましい。

中立性が損なわれるのは，合意形成の設計，運営，進行が事業者側によって行われる場合，また，第三者が依頼されたときでも，その第三者のインタレストが明らかに事業者のインタレストによって影響を受けている場合である。

話し合いの場に配布される資料が明らかに一方のインタレストによって制約されているような場合にも，話し合いの中立性が損なわれる。なぜなら，合意形成のための選択肢に関する情報が偏ることになり，話し合いの参加者の間に情報のアクセスに対する不公平が生じるからである。

さらに，ファシリテータが話し合いの参加者に対して偏った発言の機会の与え方をする場合にも中立性が損なわれる。また，ファシリテータが中立的な議事進行をしようとしても，敵対する者どうしから見れば，どちらか寄りに見えることがある。どちらからも敵対的な関係に見られるとき，ファシリテータの立場は非常に難しい状態に陥る。そのような事態に立ち至っても，ファシリテータは，中立公正であることを放棄してはならない。

8章 社会的合意形成の倫理

1 社会的合意形成に従事する者は,倫理的課題を自覚しなければならない

　社会的合意形成に従事する者とは,社会的合意形成を必要とする事業の主体である行政関係者,社会的合意形成を推進するプロジェクト・チーム,社会的合意形成にかかわるコンサルタントなどの企業,そのほかNPOなどである。さらに,市民団体や社会的合意形成に参加する一般市民も含む。

　社会的合意形成に従事する者は,倫理とはなにかということについても知らなければならない。人間は言葉をもつ動物であり,コミュニケーションなしには社会生活を営むことができない。また,人間は個性をもち,それぞれ異なった意見や主張をもつ。そのため対立や紛争が生まれる。そこで,対立や紛争を回避するための規範が求められる。

　倫理とは,人間の行為の選択を規制する内面化された規範である。規範が内面化されるためには,社会規範や社会において認められている価値が習得される必要がある。しつけや教育によって規範は内面化される。したがって,規範は社会的な側面でいえば客観性をもち,内面化されたものであるという点では,主観的である。このような点で,倫理的価値観も多様であるといわれる。価値観の違いが人びとの間に意見の違いを生み,対立,紛争に至ることもある。

　したがって,社会的合意形成に従事する者は,自らの行為を律する倫理規範とともに,人びとの社会生活を規制している倫理規範についても理解すること

が必要である。

2 社会的合意形成に従事する者は，人間の不幸の原因としての対立，紛争を解決しようとする強い意志をもたなければならない

　合意形成は，人びとが意見の対立から紛争に陥ることを回避する，あるいは紛争を解決するためのプロセスである。人びとが不幸に陥ることを回避し，陥った状態を解決するためのプロセスでもある。この場合，幸福とは紛争のない状態である。対立が紛争に至ることを回避し，また紛争を解決するためには，不断の努力が必要である。人間にとっての幸福とは，不幸に陥らないための不断の努力なしには実現しない。

　相互不信や紛争に至るのは，しばしば意見の対立している問題の解決が不適切・不公正な方法で進められるときに発生するから，合意形成の手続きが人びとの幸福の増進に寄与するためには，合意形成プロセスが正義にかなった方法・手続きで進められなければならない。したがって合意形成は，その目的としては人びとの幸福にかかわり，その手続きとしては正義にかかわるということができる。このような意味で，社会的合意形成は，幸福と正義という倫理的価値に深くかかわっている。技術をもって社会的合意形成を進めようとする者は，人びとを不幸な事態から救済し，また，正義にもとづく手続きによって，合意形成プロセスを構築するという強い意志をもたなければならない。

3 社会的合意形成に従事する者は，公共性についての理解をもち，「新しい公共」について理解を深める

　社会基盤整備で行政と住民のトラブルが発生する理由の一つは，河川や道路などの公共的な空間が，地域の人びとの生活にとって，その一部として利活用されてきたことに由来することが多い。例えば，道路の建設予定地が地域の人びとにとって良好な環境や景観を提供してきた空間ならば，そのステークホル

ダーは，地権者に限定されるべきではない。

社会的合意形成では，合意形成プロセス構築の主体としての市民の役割が重要である。公共サービスを市民自身やNPOが主体となって行うことを「新しい公共」という。これまでの公共サービスは，行政が市民に対して上から目線で提供する立場にあり，市民はそれを受け取る立場，いわば受動的な立場にあった。新しい公共のもとでの社会的合意形成では，市民が主体的に議論にかかわることが求められる。市民は行政に陳情し，あるいは非難するという立場で議論するのではなく，問題解決のために積極的に提案する態度をとらなければならない。

したがって，社会的合意形成に従事する者は，行政，企業，市民などの間の協働や連携に含まれる倫理的価値について理解すべきである。

4 社会的合意形成に従事する者は，合意形成のプロセスについてアカウンタビリティをもつ

アカウンタビリティは，社会的合意形成プロセスに従事する者がつねに念頭に置かなければならない倫理的責任である。

【成熟社会のアカウンタビリティ】

2003年8月に国土交通省大臣官房が「公共事業のアカウンタビリティ向上をめざして」という文書を発表し，現状のアカウンタビリティとコミュニケーションの問題点を指摘し，多くの課題を挙げている。

概要は，国土交通省大臣官房が設けた公共事業のアカウンタビリティを考える懇談会の成果として出された文書であるが，大臣官房の名において発表されており，今後の国土交通省の政策の方向を示すものと考えられる。そこで，この文書につけられた概要に即し，住民参加とコミュニケーションの関係を国土交通省がどのように考えているかについて検討する。

概要では，まず公共事業をめぐる社会的環境の変化を6項目挙げている。すなわち

- 量的目標達成から質的目標達成へ
- 環境開発事業から環境回復事業へ
- 直轄維持手法から住民参加手法へ
- 上意下達計画から地方分権・主権在民社会へ
- 全国画一計画から地域独自計画へ
- キーパーソン根回し型から不特定多数との合意形成へ

である。なかでも不特定多数との合意形成は，公共性の概念を理解するうえで欠くことのできないものである。ここには，特定範囲の人びとの利害を調整するような合意と意思決定ではなく，特定範囲の人びとの利害に偏らない合意の形成が公共的な事業ととらえる認識がある。また，成熟社会として位置づけられた社会ビジョンを「選択した事業や施策に国民一人一人が責任をもつ社会」としている。

選択した事業や施策に国民一人一人が責任をもつ社会という社会ビジョンは，ともすると，市民に行政の公益性を押しつけた20世紀的な公共性と変わらないではないかという批判を招く可能性がある。そこで問題となるのは，国民のもつべき責任の内実である。国民一人一人が責任をもつ社会は，国民一人一人が事業や施策に参加（参画）する経路が保証されており，それが実際に機能していることにより，その選択に対して一人一人が責任と誇りをもてる社会として理解すべきものである。なぜなら，成熟した社会を支える国土交通行政の根幹に

① アカウンタビリティの確保
② 合意形成に対するさまざまな取り組み
③ 社会資本整備における行政の役割

という三点が挙げられているからである。③の行政の役割の明確化という点では，意思決定とその実行についての責任ということが問われている。

合意形成は，①と③を結ぶ位置にある。行政が事業について国民に明確にアカウンタビリティを果たすとともに，国民から意見を求めて，これを事業に反映させる回路をしっかりと確保（合意形成）し，そのうえで意思決定と実行の責任を負う（実行責任）ならば，国民はどのような事業に対しても，その意見を反映させることができるということを認識するであろう。すなわち，選択した事業や施策に国民が責任をもてる社会というのは，その選択プロセスに国民の意見が反映できるしくみが機能している社会であり，そのしくみを国民が十分に活用している社会ということになるであろう。このように考えると，アカウンタビリティ，合意形成，実行責任こそが，公共事業をめぐる社会的変化に

対応できるもっとも重要な公共性の概念を構成すると考えることができる。

合意形成に対するさまざまな取り組みと平行して挙げられているのがアカウンタビリティの確保である。アカウンタビリティの確保には，国民のニーズに応えるようなコミュニケーションのあり方も含まれている。しかし，そこにはさまざまな課題がある。公共事業におけるこれまでの情報発信の問題点として挙げられているのは，つぎのような内容である。
① 国土交通行政全般への不信感
② 対象者の変化への認識不足
③ 情報のすれ違い，間違った情報提供
　国民が本当に必要かつ知りたい情報の不足，一般国民にわかりにくい言葉や内容，いただいた意見への対応の悪さ，大所高所からの言い分にしか聞こえない
④ メディアに対する知識・理解の不足
⑤ コミュニケーション能力の不足
⑥ スポークスマンの不在

また，環境の変化と現状の問題点の認識から，概要が求めうる課題として挙げているのは，つぎの諸点である。
① 公共事業に関する人と人との信頼関係の再構築
② 事業における透明性の確保
③ 国民の多様な価値観への適切な対応
④ 事業に対する関係者ごとの意見の分析
⑤ 量的・質的な情報の充実
⑥ わかりやすい情報の提供
⑦ 国民の目線に立った説明
⑧ メディアに対する知識・理解の向上
⑨ 説明能力・コミュニケーション能力の向上
⑩ アカウンタビリティ推進体制の充実

これらの項目が示すのは，今後のアカウンタビリティの課題である。これらのうち特に重要な点は，公共事業における信頼関係の再構築であるとともに，多様な価値観をもつ人びとそれぞれに対応してわかりやすい情報を提供するということである。関係者ごとの意見の分析と国民の目線に立った説明という点は，コミュニケーションのあり方にとってきわめて重要な意義をもっている。

5 社会的合意形成に従事する者は，つねに正義について考える

　合意形成は，対立する意見をもつ人びとが話し合いによって問題を解決するプロセスである。このプロセスが適切な手続きによって構築されないと，ステークホルダーは合意そのものの成立に同意しない。したがって，合意形成の手続きは正義に適うかたちで進められなければならない。正義は，合意形成の成立にとって不可欠な倫理的価値である。

　ファシリテータのみならず，事業者（行政職員，企業人），市民は，正義についての理解と感覚をもたなければならない。正義とはどのようなものであり，どのように実現すべきかということを概念的に理解できるだけでなく，そのつどの意思決定の場面で，正義について考えなければならない。

　社会的合意形成における正義には，合意形成プロセスを制約する法令の遵守と，合意形成プロセスにおける手続きの公正さ・公平性の実現がある。具体的には，話し合いでの判断と意思決定の機会を公正，公平にするための情報開示と情報共有における公開性と透明性の確保，個人情報の保護，話し合いの場での発言における安全性の確保，話し合いにおける発言機会や発言時間の配分の公平性などである。

6 社会的合意形成に従事する者は，合意形成の過程で事業を支持し，かつ制約する法令を遵守しなければならない

　社会的合意形成に従事する者，特にプロジェクト・チームは，社会的合意形成プロセスを推進するうえでの制約となる法令を認識し，これを遵守して事業を推進しなければならない。ただし，例えば，道路整備における社会実験のように，過去の前例にとらわれずに事業を進める方法についても認識しておかなければならない。

> **7** 社会的合意形成に従事する者は，合意形成のプロセスにおける手続きの公正さ・公平性を確保し，公明正大なプロセスを構築する

「寝耳に水」という言葉は，合意形成過程がステークホルダーに開示されず，事業が特定関係者の間だけで進められて，その関係者にとって都合のいい状態になったときに情報が開示されるか，あるいは第三者（例えばマスコミ）から情報がもたらされて，事態の状況を認識した人びとが事業者を非難する場合に用いられる。

社会的合意形成を適切に進めるためには，ステークホルダーに対し，合意形成プロセスをつねに開示しておかなければならない。そうでないと，ステークホルダーは手続きを開示しない事業推進者に対し，「彼らは自分たちのインタレストだけにもとづいて事業を推進しているのではないか」という疑いをもつようになる。疑心暗鬼の状況では，ステークホルダー間の信頼関係を構築，維持することはできない。

さらに，開かれた社会的合意形成の構築には，ステークホルダーの参加機会が確保されなければならない。

> **8** 社会的合意形成に従事する者は，話し合いでの判断と意思決定の機会を公正，公平にするための情報開示と情報共有を進め，公開性と透明性を確保する

情報がステークホルダーの一部にしか届いていないと，判断と意思決定の対象となる選択肢が平等に開示されないことになり，合意形成過程の公正さが確保できない。合意形成を適切なものにするためには，解決のために用意されうる選択肢についての情報が，関係者に共有できるようにしなければならない。したがって，公開性と透明性の確保が不可欠である。そのためには，記録とド

キュメンテーションをしっかり行わなければならない。

9 社会的合意形成に従事する者は，ステークホルダーにおける「インタレストのコンフリクト」に関心をもたなければならない

　合意形成では，多様な人びとの意見の間に対立が存在するが，その解決のためには，インタレストの間の関係を把握しなければならない。インタレストとは意見の理由であるが，一人の人間のなかにあるインタレストは一つであるとは限らない。二つの相反するインタレストが一人の人間に内在する場合がある。二つの選択肢の間でどちらとも決めかねる状態は，インタレストの対立であり，両者が対立的に個人の意見を引き裂くような場合を葛藤という。

　中立であるべき立場のポジション，例えば話し合いのファシリテータに利害の対立する一方の組織の者が就任すると，その組織に有利な方向に話し合いを誘導する可能性がある。あるいは，誘導する可能性があるという疑いが生じる。このような場合，一人の人間に二つのインタレストが所属することになる。こうした事態は，当初から混乱が予想されるので回避しなければならない。どちらの組織のインタレストももたない，中立的な第三者がファシリテータを務めることが望ましい。

　二つのインタレストが衝突することを「インタレストのコンフリクト」という。同一の人物が対立するインタレストをもつ状態で，一方の利益のために他方の利益を意図的に損なうような場合，この言葉を「利益相反」と訳す。利益相反の状態は，合意形成の話し合いで公正さを損なう恐れがあるので避けなければならない。

　例えば，事業を推進したいというインタレストをもつ事業主体の組織の一員がこれを隠し，市民としての立場を偽装して，あたかも市民の立場から賛成意見であるかのように見せかけるような場合，その人の心の中では，市民としてのインタレストが事業主体のインタレストによって歪められている可能性がある。しかもこのような人を組織が話し合いの場に送り込み，話し合いの方向を

左右しようとすることは，やらせとして，合意形成の正義にもとる行為である。このような行為は，やらせであることが暴露されると，事業者に事業推進をストップさせ，混乱のなかに陥れることなる。

10 社会的合意形成に従事する者は，社会的責任を自覚しなければならない

話し合いを進行するときに発生するやらせや組織的動員といった行為は，企業やそのほかの組織のもつ社会的責任（コーポレート・ソシアル・レスポンシビリティ：CSR）に反する。やらせや人員を偽装して事業推進を図ることは社会的非難の対象となり，事業そのものをストップさせる要因になる。こうしたことに対して，合意形成を推進する者はつねに警戒しなければならない。

また，事業主体の組織に属しながら市民でもある場合には，相反するインタレストが生じる場合がある。このような場合の行為の選択は非常に難しく，一般的な解決策を示すことはできない。特に，組織の守秘義務は法令遵守の一つと考えることができるが，もし組織が不正をしていた場合，その事実を内部告発，あるいは公益通報すべきであるという規範との間で板ばさみになる。社会的合意形成に従事する者は，合意形成プロセスにこうした倫理的問題が含まれていることに対して，つねに配慮しておかなくてはならない。

11 社会的合意形成に従事する者は，ステークホルダー間の信頼関係の構築に努力する

信頼関係はつくり上げるのに長い時間がかかるが，失うのは一瞬のこともある。長年積み上げてきたものが，あの一言で崩れ去ったということになりかねない。崩れた信頼を取り戻すには，さらに長い年月を必要とする。

コミュニケーションの成功の鍵を握るのが，行政担当者と地域住民との信頼関係の構築である。信頼の構築は，個人と個人，組織と組織，個人と組織の間

でも成り立つが，これは相互の利害が一致している場合に可能となる．しかし，公共事業のように利害が衝突したり，あるいは，利害の一致が不確定であったりする場合には，住民と行政との間の信頼関係の構築はきわめて難しい．国や自治体のような･お･上には逆らえないという意識が一般的であるような地域では，住民は組織に従属するだけであったが，住民参加型の社会基盤整備ということでは，行政の事業の説明を･ご･理･解･い･た･だ･くだけではすまない時代になっている．そこで，住民と意見のやりとりをしながら住民意見の反映を進めるためには，なによりも行政担当者と住民との信頼関係の構築が重要な前提となる．地域の人びとは，行政担当者を組織の特定の地位にある人だから信頼するのではなく，その人の人柄そのものを信頼するのであるが，行政組織は一定の利害関係者との癒着を防ぐために，しばしば異動を行う．そのために，せっかく築かれた信頼関係があっという間に消滅してしまうということも日常的な出来事である．

　社会的合意形成の従事者，特に社会的合意形成を推進するプロジェクト・チームは，対立するステークホルダー間の信頼関係をどのように構築し，また維持するかということを考えなければならない．

12 社会的合意形成に従事する者は，環境への強い意識をもつようにする

　自然災害によって生活環境が損なわれるような事態もある意味では環境問題であるが，環境問題とは，人間の環境への働きかけに対し，ほかの人間が批判し反対するという，環境に対する人間どうしの対立の問題である．

　環境問題解決のための社会的合意形成構築の道筋で重要なのは，環境問題の解決は，地球上のあらゆる地域で暮らす人びととのコミュニケーションおよび多様なステークホルダーの間の合意形成なくしては実現しないということ，環境配慮型事業では，住民・市民参加での合意形成が不可欠であるということを認識することであり，また，環境問題の解決は，社会的合意形成のプロジェク

トマネジメントを必要とすることを認識することである。

【災害リスクと合意形成】

　現代の環境問題は，地球環境汚染，生態系の劣化と生物多様性の喪失，資源枯渇，災害の強大化と増大など，地球上の生物と人類の生存リスクと考えることができる。
　自然の恵みの配分と環境劣化リスクの負担配分問題が，環境問題の対立・紛争の根幹に位置する。安定した地球環境と無限な資源の享受という前提のもとに発展した20世紀までの人類社会は，環境劣化と資源枯渇というリスクのもとで対立し，紛争を引き起こしている。
　このような近代的な状況と対照的であったのが，日本の国土空間であった。狭い国土と乏しい資源，地震，津波，火山噴火，梅雨の豪雨，台風の襲来などの地理的・地形的な条件のもとで，国土と資源の配分および無限ともいえる災害リスクという課題に対応してきたのが日本の文化である。
　日本の河川管理の課題は，狭い国土空間のなかで洪水と渇水の交替という厳しい気象変化に直面しながら，水田耕作による米づくりをいかに効率的に行うかということであった。こうした問題に対する日本における解決策は，無限の資源の獲得競争を前提とし，がんばって成功した者が多くを獲るという，いわゆるアメリカンドリーム的な配分の正義原則とは対照的な原則のもとにある。というのは，限定された空間と資源に対し，無限な災害リスクという条件下では，能力をもち，がんばって成功した者が多くを獲れば，生き残れない者が必ず出るからである。日本的風土の条件下では，能力ある者はむしろひかえめで，能力の発揮を遠慮することが美徳とされる。ただし，その能力の存在そのものを否定されるわけではない。能力の所持は認識されながら，それを必ずしも行使しないことが，「奥ゆかしい」として賞賛されるのである。こうして，みんなが生き残れるように空間と資源の恵みを享受し，かつ，災害リスクを負担するという配分の正義原則のもとでの選択を先行させ，自己利益の最大化を差しひかえるような人柄をもつことが賞賛されてきたのである。
　現代の状況では，海洋や大気などこれまで国家に直接所属していなかった資源をめぐる対立，紛争が激化することが懸念される。資源は無尽蔵ではないので，能力ある者が多くを獲る競争を行っていいという原則のもとでは，地球は持続できないからである。すなわち，奥ゆかしくひかえめであることというモラルが持続可能性の根拠にならなければならない。

有限な資源の配分と無限な災害リスクの負担配分にかかわる対立，紛争を解決するための倫理的な考え方を「日本的状況下での正義」と呼ぶならば，21世紀の地球社会は，地球全体が日本的状況下での正義を必要としている時代であるということができる。

資源の枯渇という生存リスクと並んで人類が直面している紛争の大きな原因は，地球環境の汚染である。地球温暖化をはじめ，人類の活動によって劣化した環境は，グローバルな規模でも，あるいはローカルな規模でも発生する。二酸化炭素や化学物質，放射性物質の排出による大気や地上，海洋の汚染，さらには，廃棄物処理のための施設の建設をめぐるNIMBY問題（総論賛成，各論反対の「自分の裏庭にはダメ」という問題）も，大きな紛争の原因となっている。

近代的な競争原理のもとでの地球資源の収奪と浪費は，人類の生息環境を極度に悪化させている。社会的合意形成は，その解決のための手法としても位置づけることができる。

13 社会的合意形成に従事する者は，景観に強い関心をもたなければならない

20世紀において，道路整備やダム建設に景観が二次的な価値しか与えられなかったのは，景観の価値というものに対する認識が不十分であったからである。認識が不十分であった理由にはいろいろなことが考えられる。景観価値について学問的研究がおろそかであったこと，景観価値の評価とそれを資源として活かすしくみが行政プロセスのなかに欠落していたこと，たとえそのようなしくみがあったとしても，現場で整備をする人びとに景観を評価する能力が欠けていたり，不足していたりしていたことなどが挙げられる。かりに景観を評価できたとしても，その価値を活かす事業をどのようにすればよいかということについての理論的な基礎，方法，技術，プロセス認識などが欠けていたことなどについても，多くの問題点を挙げることができる。これらの問題点は，景観形成に対して多様な意見や対立する意見が発生する原因にもなっていた。

社会的合意形成を進めるうえで景観の問題が重要なのは，景観のなかにス

テークホルダーのインタレストが隠れているからである。

例えば，河川改修において，河川の上下流，右岸と左岸に住む人びとは，相互に対立するインタレストをもつ。上流が氾濫すれば下流は助かり，右岸が破堤すれば左岸は助かるからである。洪水時と渇水時のリスク対応を考えるならば，「対岸の村に娘を嫁にやるな」という言葉が理解できる。

社会的合意形成を担当するプロジェクト・チームは，課題となっている地域の景観，風景と合意形成でのインタレスト分析およびコンフリクト・アセスメントとの関係について理解をもたなければならない。

14 社会的合意形成に従事する者は，実行可能な正義の感覚をもたなければならない

社会的合意形成に従事する者は，正義について概念的に理解しているだけでは不十分である。実際の話し合いの場で，参加者が話し合いのための情報をきちんと共有しているか，立場上で発言が差別されていないか，発言時間の配分は平等になされているか，話し合いの総括は話し合いの成果に沿ったものになっているかなど，具体的な判断の場面で正義を誠実に実現しなければならない。こうした正義は，具体的な話し合いの場で実行可能な正義である。社会的合意形成に従事する者は，実行可能な正義の感覚をもたなければならない。

9章 社会的合意形成のリスクマネジメント

1 合意形成プロセスにおけるリスクマネジメントへの対応

　社会基盤整備や地域づくりでの社会的合意形成プロセスが行き詰まり，対立が紛争へと陥ってしまう原因は多様である。したがって，合意形成の失敗についての理論的な研究は，現実的な状況に照らして考えなければならない。しかし，合意形成が失敗した背景を明らかにすることは簡単なことではない。なぜなら，失敗した事例では，多様で単純化の難しい人間関係が存在している場合が多いからである。

　プロジェクトマネジメントの観点からいうと，プロジェクトを推進するうえでのリスク対応がきちんとできていなかったために，合意形成が頓挫してしまう事態を考えることができる。合意形成はプロジェクトであるから，プロジェクトとしてきちんとマネジメントできていないと，失敗のリスクは増大する。プロジェクト・チームは，合意形成のデザインの段階から，これらのリスクへの対応を準備しておかなければならない。

　以下のリストでは，日本の文化のなかに蓄積されてきた言い回しと，わたし自身が合意形成プロセス構築の当事者として経験してきたことの両方を整理した。リスクはいくつかのカテゴリーに分けて整理することができる。大きく分けて，プロセス管理にかかわるリスク，コミュニケーション不全のリスク，ステークホルダーのリスク，プロジェクト・チームのリスク，そのほかのリスクである。ステークホルダーにかかわるリスクは，事業主体，行政にかかわるリ

スク，専門家，技術者にかかわるリスク，市民にかかわるリスクに分けることができる。

2 プロジェクトの設計，運営にかかわるリスク

●ボタンのかけ違い

合意形成プロセスがスタート時からうまくいっていないことを表す代表的な言葉。関係者の思いや意見がくい違ったまま話し合いが進行して，後になって問題が深刻化する場合も多いが，思いや意見は違ったものに見えていなくても，その意見の理由が違っていて気づかれない場合もある。そうした場合には，見かけだけ議論が推進しているように見えても，やがて潜在的な対立が顕在化する。ボタンのかけ違いは後になって気づくことが多いが，トラブルを解決することには，相当なエネルギーを要する。合意形成のマネジメント技術により，こうしたことのないように，あらかじめ準備，警戒することが必要である。

●寝耳に水

事業者の計画が秘密裡に進められ，突然マスコミを通じて地域や利害関係者に届くことがある。これが寝耳に水である。マスコミはしばしば問題を事件として報道するので，物事を否定的な方面から発信しがちである。

寝耳に水は，きちんとした段取り，手順をふまずに情報が流通するときに発生する。特にマスコミからリークされて，市民・住民の間で騒ぎとなることが多い。市民の側から「それは寝耳に水の話だ」といって批判される。寝耳に水にならないようにするためには，事業者およびプロジェクトマネジメント・チームによるコミュニケーション・マネジメントが不可欠である。特に情報の管理については細心の注意が必要である。基本的には事業に関する透明性は確保しながら，個人情報などの管理は厳重にする必要がある。また，調査中であったり，不確実であったりする情報の公開は，慎重に行わなければならな

い。重要なのは，公開できない情報があるということを明確に示し，なぜ公開することができないかを明示することである。

● 蚊帳の外

　重要なステークホルダーであるにもかかわらず，事態を紛糾させると危惧される人物を排除すること。こうした行為は，結局，事態の進行にともなって紛糾のリスクを増大させるだけの結果になる。どんなステークホルダーもけっして蚊帳の外に置いてはならない。

　合意形成は民主的なプロセスである。ステークホルダーの一部だけが正確な情報を与えられ，事業推進を阻害するような情報の提供を意図的に隠匿するようなこと，すなわちある人びとに情報を与えない，あるいは重要なステークホルダーであるにもかかわらず参加の機会を与えないことは，民主的な合意形成の趣旨に反する。蚊帳の外に置かれた人びとは，そのことに気づいたとき，厳しい批判者となって事業に対立することになる。

　不透明な事業の進行は人びとの不信感を募らせ，信頼関係を崩す。透明性をどのように確保するか，人びとの情報へのアクセスをどのように保証するかということは，社会的合意形成の重要な課題である。この点も含めてさらに，関係者の間のコミュニケーションをどう全体としてマネジメントするかということは，コミュニケーション・マネジメントとして取り組む必要がある。

● 「寝ている子を起こすな」

　開かれた公正・公平な社会的合意形成プロセスでは，都合の悪いステークホルダーを蚊帳の外に置くことはできない。つまり「寝た子を起こすな」ということがあってはならない。むしろ都合の悪い関係者であっても，はじめから議論の輪のなかに入れておくことのほうが重要である。すなわち「寝た子を起こすな」ではなく，「寝ている子を起こせ」が社会的合意形成では重要である。寝ている子は必ず起きるのであり，起きるのが遅ければ遅いほど，激しく泣き叫ぶと認識すべきである。

●計画ありき

　市民参加・住民参加のプロセス開始以前に計画がかたまってしまっていること。都市計画でいえば，以前に都市計画で決定されてしまった事業を突然開始すること。議論の過程で，市民から「それでは計画ありきではないか」という言い方で批判される。

　事業者は，ある程度計画を煮詰めないと議論のたたき台を提供できないと考え，一生懸命にいい案をつくろうとする。いい案であるという思いが強いほど，住民・市民から見ると，「もうそれでごり押しするんだろう」という批判となって現れる。住民参加では，むしろ計画案から一緒につくることが重要である。行政は，住民，市民が議論できるようにとの配慮でつくった計画なのに，どうしてそういう反応になるのかといぶかるケースも多いが，住民参加・市民参加は，できあがったものにコメントをつけるだけの作業ではない。いいっぱなし，聞きっぱなしの意見を出す作業でもない。いい計画をつくるための協働的・創造的な作業であり，そのための努力である。

●結論ありき

　はじめから結論が決まっていること。また，そのように見える議論の進め方。公正な議論が行われず，事業者に都合のよい結論が出されたときに，反対派が唱える批判の言葉。コンセンサス・コーディネータは，事業推進の過程で，このような認識が関係者にもたれないように細心の注意を払わなければならない。話し合いの場を設定しても，落としどころの結論がすでに決まっているような話し合いでは，事業者はシナリオをつくりたがる。議論が展開してシナリオ通りにいかなくなると事業者に焦りの表情が表れるので，市民はさらに不信感を深める。

●見切り発車

　議論が不十分か，うまくまとめられないことで結論がきちんと出せないまま事業を推進してしまうこと。合意形成のプロセスが進んでいないと，事業主体

は話し合いの結論も，合意の確認も得ないままつぎのステップに進んでしまう。こうなると，合意のプロセスそのものの価値が失われてしまう。コンセンサス・コーディネータは，見切り発車をけっして行ってはならない。

● 先延ばし・先送り

都合の悪い結論が予想されるとき，結論を出さず会議ばかり続けること。あるいは，当事者が結論に責任をもつことを回避し続けること。20世紀の社会基盤整備は，地域の反対運動などで事業が中断してしまい，そのまま長い期間が経過してしまうということがしばしば起きた。こうした事態は，合意形成を含む事業全体がプロジェクトとして位置づけられているならば，あってはならないことである。なぜならプロジェクトマネジメントでは，プロジェクトの終了は，プロジェクトが完成したとき，あるいは，プロジェクトの完成が不可能であると判明したときに宣言されるからである。プロジェクトが完成できないとわかったときには，プロジェクトの目標は達成されないまま終了しなければならない。また，そのようなことが当初のプロジェクトの計画に組み込まれていなければならない。20世紀のプロジェクトでは，中止の事態を考慮していなかったために，だらだらと長期間トラブルが続き，事業費の増大と地域社会の崩壊が生じたのである。

こうした事態を避けるためには，事業がどのようなプロジェクトであるかをしっかりと認識し，リスクを予想しながら，中止しなければならない事態とはどのようなときかを認識しておかなければならない。

● ガス抜き

市民・住民の不満を出させるために話し合いをすること。形式的な話し合いだけを目的としている場合にガス抜きをするということが多い。しかし，見かけだけのガス抜きは逆効果となって跳ね返ってくる。ガス抜きに失敗すると，ガスはますます膨れあがる。

●前のめり

　事業を進めたいという気持ちが周囲の状況に対する配慮の欠如になって表れている様子。顔つきでわかる場合もあり，事業の推進の仕方で露見する場合もある。

●アリバイづくり

　結論ありきの話し合いで見かけだけの参加型プロセスを進めること。また，十分な時間を用意せず，短時間に討議を切り上げて話し合いをしたことにしてしまうこと。権威を用いたアリバイづくりは，事業者のいいなりになる専門家を動員することも多い。こうしたアリバイづくりに動員される専門家が御用学者である。

●御用会議・御用学者

　行政の提案にイエスだけをいう会議，あるいは，巧妙に行政との利害調整をしながら後押しする会議，また，事業者にお墨つきを与えるためだけに専門家を集めて行う会議を御用会議という。このような批判を受ける会議は，すでに話し合いの公正さに疑いがもたれている。御用会議のメンバーには，学識経験者が選ばれることも多い。こうした学識経験者は，御用学者といわれる。ときには事業関係者から研究資金を支給されていたことが情報開示などで明らかになり，利益相反の存在から中立公正な立場に疑いをもたれたりする。

●お墨つき

　専門家が事業者に事業推進を正当化するために発言すること。あるいは，文書で表明すること。

●免罪符

　形だけの世論調査や討論会を行って，市民の意見を反映したかのように見せかけること。また，そのように市民から疑われるようなやり方をすること。

● 組織的動員

　公正に招集された話し合いであるように見せかけながら，じつは事業者側から市民のふりをさせて多数送り込むこと。市民のような言動をするが，事業者側にべったりの発言をすることから，動員された人びとであることが露見する。こうなると，組織的動員を行った事業者の信頼は一挙に失墜する。

● やらせ

　本来の意見ではなく，事業者側の意見を無理やりいわせること。あるいは事業に賛成であるような意見をいわせること。やらせをさせられている人は，その気持ちが表情に表れて，やらせであることが露見する。

● なし崩し

　堂々とした議論を進めることなく，少しずつ求める結論のほうに議論をずらし，その既成事実を積み上げることによって，求める結論に到達しようとすること。

● 抱き込み

　反対する人びとの一部を無理やり推進する側に取り込むこと。事業の賛成派が反対派に対して行う行為についていい，反対派が賛成派を抱き込むとはいわない。

● 囲い込み

　事業に賛成する人びと，あるいは反対する人びとを自陣の側に取り込んで離さないこと。

● 切り崩し

　反対する人びとの結束を分断し，事業の推進側に取り込むこと。通常，事業の賛成派が反対派に対し行う工作をいう。

● 丸め込み

巧妙にいいくるめて他人を自分の思うように操ること。金銭など利益供与によることもある。「にんじんで釣る」ということもある。

● 前例踏襲主義

社会基盤整備は，しばしば前例踏襲主義に陥りがちである。すなわち，公務員の任期は短く，担当者は，前任者から不十分な引き継ぎのなかで自分の仕事をしなければならない。そのため，自分の仕事がプロジェクトのどのステージにあたるかを認識しないまま，前任者の仕事を引き継ぐことになる。2，3年経つと，また異動となるので，結局前任者の行った前例を踏襲することになる。

事業の進捗によって，前任者の行った仕事と矛盾したり，齟齬したりすることを行わなければならないこともある。そのような行為は，前任者の仕事を否定するものと思われる可能性がある。これは，当人の身のふり方を考えるとき不利益になりかねない。そうすると，どうしても前例踏襲的になる。また，事業の進捗における監査は，前例にならうと説明しやすい。逆に，まったく新しいことを展開するとき，そのコストは厳しく監査を受ける。したがって，社会基盤整備は前例踏襲主義になりやすい。

担当者が事業の本質をプロジェクトとして把握していないことによって，前例踏襲主義に陥ると，不確実な状況での新たな事態の出現にあわてることになる。前例踏襲ではうまくいかない状況が多く発生しうるということ，それに対する心構え，姿勢をもっていないと困難を乗り越えられないということを認識することが重要である。プロジェクトマネジメントの工夫によって克服すべき課題である。

● 分割統治

大人数の話し合いでの混乱を避けるために，小地域，少人数の参加者だけの会合で事業を進めようとすること。地域ごとに出す情報を変えたり，話の進め方を変えたりして異論が出ないようにすることもある。他地域での状況が知れ

ると，事業者のやり方に対する不満が吹き出る可能性がある。これは，開かれた場で議論することによって生じる混乱を恐れる事務局が，しばしばとる住民参加の方法であり，大英帝国が植民地支配にとった方法でもある。プロセス管理には，開かれた話し合いと，地域に入り込んでの説明の両輪を使いこなすことが重要である。

● 空中戦

　現場で地道に話し合いを進めている状況を無視して，上位機関あるいは上層部どうしで事態の進捗についてあれこれ議論すること，あるいは，現場そっちのけで論戦を繰り広げること。

　現場の事情を理解していない，あるいは，現場経験のない行政，専門家，NPO組織などの間で事態の進捗の遅さに苛立つ人びと，あるいは抽象論レベルでの議論しかしたことのない人びととの間で起きる。現場で一生懸命に事態の打開に努力している人びととの意欲をくじく。

● 天の一声

　どこからともなく聞こえてくる上層部からの突然の判断。プロジェクト・チームの権限を失墜させる行政トップの行為である。せっかく手順をふんで忍耐強く話し合いを続けている現場の頭ごしに突然の判断が下る。市民と行政の間だけでなく，現場担当者とトップとの不信感を一挙に高める。

● 鶴の一声

　現場で一生懸命議論を進めているときに，その過程にお構いなしに，だれかが突然の結論を下すこと。忍耐強く話し合いを進行してきた関係者には，議論の腰を折られることで，モチベーションの低下をもたらす。

● 「上から目線」

　事業者が市民・住民を見下ろすような態度，ふるまいをすること。平等・対

等な立場をとることが基本である住民参加・市民参加の場で，どうしてもお役所体質が言動に表れてしまうことを表現する言葉．

「上から目線はよくない」という人もまた知らずのうちに上から目線になっていることがよくある．上から目線のない人は，そもそも「上から目線」というような言葉づかいをしないものである．

● **巻き込み**

市民参加は，パブリック・インボルブメントといわれたが，これは，人びとを行政プロセスに巻き込むことである．この言葉には，行政の「上から目線」がにじみ出る．巻き込まれる市民の目からは，事業者の「上から目線」がはっきりと見えてしまう．市民活動家にも，「このまちづくりには，関心をもっていない人たちも巻き込みましょう」などという人たちがいる．このような言葉づかいは，巻き込む人びとの巻き込まれる人びとに対する優越感を知らずのうちに表現することになり，反感を生む．

● **タテワリ・ヨコワリ**

タテワリは，組織が上下関係を中心に運営され，横のつながりが欠けていること．情報の共有がないばかりか，自分の組織を中心に考えるため，仕事の取り合いになったり，責任のなすり合いになったり，あるいは責任逃れをしたりする．ヨコワリは，国，都道府県，市町村の間での連携のまずさをいう．

● **ナワバリ**

組織の間で業務を取り合ったり，あるいは押しつけ合ったりして，協働できないこと．行政機関間，および行政機関内の多部署間での協力関係の欠如が事業推進の大きな阻害要因となることが多い．

● **異動**

異動は公務員には不可避の事態であるが，公共事業などで行政担当者が交代

するときには，事業の持続性について，情報，信頼，モチベーションの三点で大きなリスクを抱える。異動は，合意形成の最大の難敵の一つである。異動は短期で起こるので，情報伝達の時間不足になりがちである。また，市民との信頼関係を維持することは非常に難しい。というのは，市民は役職ではなく，担当者に対して信頼を置くからである。後任は，前任者の維持していた信頼関係を維持するために努力を惜しんではならない。このことが難しいのは，市民から「前任者はいい人だったんだが」というような批評が出ることからもわかる。こうした批判は，後任のモチベーションに大きく影響する。対立や紛争の渦中に身を置くことは快いことではないからである。特に対人関係をコントロールすることが下手な人は，市民との信頼関係構築も不得手であり，手際の悪さが市民からの批判を受けやすい。こうなると，合意形成を積極的に推進しようという意欲がなくなる。組織全体がそうなると，合意形成プロセスの構築は敬遠され，放置される。対立，紛争は解決されないまま時間が経過していく。

　こうした事態を回避するには，異動に関して，情報，信頼，モチベーションのそれぞれを持続するための工夫が必要である。異動というリスクに対するプロジェクトマネジメントの努力をつねに考慮しておく必要がある。

　ただし，前任者が地域との信頼も得られず，モチベーションも欠いているような人材のときには，異動が事業の進捗を助けることもある。

● ヤマタノオロチ
　だれが責任主体であるかわからないプロジェクト・チームや組織。トラブルがあると，メンバーは自分の分担だけの言い訳に終始し，たがいにケンカをはじめる。酔っぱらったヤマタノオロチは外からの一撃で崩壊し，事業は白紙からとなりかねない。

　プロジェクト推進者にプロジェクトマネジメント能力がない，プロジェクト・チームができていない，あるいはプロジェクト・リーダーがいない，要するにプロジェクト体制ができていないという原因で発生する。プロジェクト全体のマネジメント体制ができていないと事業は混乱し，スケジュール通りにい

かなくなる。

● **責任のなすり合い**

だれが事業責任者だかわからない複雑な組織で事業が進められると，トラブルに陥ったとき責任主体がはっきりしないので，責任のなすり合いになる。プロジェクトは，プロジェクトマネジメントの能力をもつ者が全体を統括しなければならない。プロジェクトが合意形成である場合には，コンセンサス・コーディネータの存在が不可欠である。

● **権力・権限だけのリーダー**

プロジェクト・リーダーのリーダーシップとは，プロジェクトを推進するために必要なリーダーの能力であり，資質である。単に上位の地位にあることや，権力，権限を与えられていることではない。

リーダーシップの強化を権力や権限を付与することと考える人びとがいるが，リーダーの資質のない人に強力な権力や権限を付与することが，いかに事業のリスクを増大させることになるかということを認識する必要がある。

資質のないリーダーがプロジェクトを強引に進めようとするなら，メンバーからの信頼は失われる。信頼されていないリーダーに事業を円滑に進めることはできない。こうなると，リーダーは自分に都合のよいメンバーだけでチームを構成することになる。すると，事業を多面的・多角的な視点から検討する体制は失われ，想定できない事態の範囲が多くなって，リスクマネジメントを適切に行うことができない。このようなプロジェクトは柔軟性を欠き，状況の変化に対応することが難しくなる。

● **セレモニー**

形だけの公聴会などを開催し，「みなさんの意見はしっかりとうかがいました」というふりだけをして，実際には意見を反映させる気持ちのないこと。意見聴取の見せかけの儀式。聞き流しているだけだということが見抜かれている

のに，それに気づかないことも多い。やらないほうがまし。

● 「ご理解」連呼

「ご理解ください」「ご理解いただきたい」「ご理解いただけるまで，しっかりと説明いたします」と強調して，自説を述べるだけでアカウンタビリティを果たしたと信じ込んでいる人。自分だけ説明して，異論や反論には馬耳東風の人。

● カモフラージュ

トラブルになっている事業を進めようと，推進派ばかりの会議にわずかの中立派を入れて，公正な議論を装うこと。また，そのように利用される人。

● お飾り

大事な委員会などで，発言しない著名人を招くこと。メンバーにいることで宣伝になり，また，厳しい発言もないので，事業をトラブルなく進めるには好都合という下心がある。またそのように招かれる人。

● 壁の花

ワークショップなどで，議論に参加せずに見物を決め込んで，壁にひっついている人。担当部署以外の行政関係者によく見られる。ファシリテータが壁から引きはがす。

● 資料棒読み担当者

説明会などで用意したたくさんの資料を棒読みするだけの担当者。聴衆に対してどのような気持ちで事業にあたろうとしているかが露呈する。聴衆は，単なるセレモニーに違いないと，事業者の本気度に深い疑いをもつ。

●挨拶用カンペ

事業の責任者が話し合いの冒頭で手の中の原稿をちらちら見ながら挨拶すること。事業に対する情熱の欠落を示す。

3　合意形成の運営に関するリスク

合意形成の運営に関するリスクとは，実際の話し合いの場の設定や話し合いの運営全体に関するトラブルのリスクである。

●堂々めぐり

議論を繰り返さないために節目で合意点の内容を確認するとともに，それ以前の議論には戻らないことを同意することをフリーズポイント（凍結点）という。堂々めぐりは，フリーズポイントの確認を明確に行うことによって回避する。プロセス・マネジメントによって克服すべき課題である。

●ふり出し

議論が紛糾したために，はじめからやり直さないとどうにもならないこと。「白紙に戻す」「ゼロベースで」などともいう。議論がふり出しに戻ったからといってもすでに紛糾の経緯があり，関係者の脳裏にトラブルがインプットされているので，いい状態でリスタートするのは非常に難しい。

●平行線

いくら議論しても対立が解消されないこと。自分の主張だけをいい立てて相手のいうことを聞かなければ，議論は平行線をたどる。平行線の議論が何年も続くと関係者は疲弊し，信頼関係の構築はますます難しくなる。

●水かけ論

両者がたがいに自説にこだわって，いつまでも争うこと。また，その議論。

たがいに自分の田に水を引こうと争うことからとも，水のかけ合いのように勝敗の決め手のない論争の意からともいう。

●蒸し返し

　一度解決した事柄を再度問題にすること。同じ議論を同じ人が繰り返す場合と，新しく参加した人の主張によって問題が蒸し返される場合とがある。議論のなかで，フリーズポイントを明確にし，蒸し返し，ふり出しに戻ることを阻止しなければならない。

●なあなあ

　もともと歌舞伎のかけ合いからきた言葉であるが，なれ合いや妥協を意味する。対立を回避するために，論点を明確にしないまま議論を進めてしまうことをいう。

●うやむや

　話し合いの論点をはっきりさせず，また結論をぼかしてしまうことを「うやむやにする」という。きちんとした議論が行われず，すれ違いとなり，結論に導くことができない。あるいは，事業推進者が都合の悪い結論を明確に出さず，曖昧なままにしておくことをいう。

●骨抜き

　既存の法やガイドラインなどのルールがあるにもかかわらず，それに反するような解釈を屁理屈をつけて押し通すこと。例えば，公開性や透明性の確保のために情報公開法という法律があるにもかかわらず，重要な文書をいろいろな理屈で非公開にしたり，黒塗りにしたりすること。「情報公開法の精神が骨抜きにされた」といって非難されることになる。

●議事要録・議事要旨

議事要録は、作成者の意図が内容に反映しやすく、取り扱いには注意が必要である。厳しいけれども有意義な議論の結果、明確な結論が出たにもかかわらず、事業者にとって不都合な内容をぼんやりとした記述ですませることは、議論の再燃を促す。要録は、読者の便宜を図るもので、内容については、全議事内容を関係者に確認のうえ、公開しなければならない。公開できないものについては、その理由を明記しなければならない。

●角を丸める事務局

先鋭な議論が飛び交って問題が明確化してきたにもかかわらず、対立を避けたい事業者やその意向をくんだ事務局が角をとった議事録をつくること。また、その事務局。

●たらい回し

市民の苦情などを自分の部署の担当でないとして、ほかの部署に回すこと、またそれを繰り返すこと。

●門前払い

市民からの意見や苦情を自分の部署の担当ではないとして受けつけないこと。

●いいっぱなし・聞きっぱなし

いいたいことだけをいい、他者の発言は右の耳から左の耳へと受け流し、頭のなかにはなにも残さないこと。あるいは、議論を記録に残さない、いいたい放題の議論。後で「いった」「いわない」の争いになる。

4 合意形成のファシリテーションに関するリスク

合意形成の運営に関するリスクとは、実際の話し合いの進行時に発生するト

ラブルのリスクである。合意を形成するための話し合いでは，ファシリテータおよびファシリテータ・チームの役割はきわめて重要である。ファシリテーションの出来不出来が合意形成の成否に深くかかわることも多い。ファシリテータは，ファシリテーションに関係するリスクを十分に考慮し，これに対応できる能力を日ごろからトレーニングする必要がある。

● どちらか寄り進行役
中立公正さを保つことのできないファシリテータ。

● 当てるだけ進行役
参加者に勝手に発言させることしかできない会議の議長，ファシリテータ。これでは話し合いを創造的な方向に導くことはできない。

● 優柔不断進行役
対立にふり回されて，合意点を示すことができず右往左往する議長，ファシリテータ。

5 コミュニケーション・リスク

すでに述べた「蚊帳の外」は，コミュニケーションのリスクとして位置づけることもできる。関係者の円滑で信頼関係が深まるコミュニケーションは，合意形成にとって不可欠であるが，これを阻害する要因はさまざまなものを考えることができる。コンセンサス・コーディネータは，これらのリスクの存在をふまえて合意形成を進めなければならない。

● 秘密主義
市民から事業者の情報提供の態度に対して寄せられる非難の言葉。このような言葉が出るときには，信頼はすでに損なわれており，健全な合意形成のプロ

セスは組み立てることができない。

●秘密会合・密室協議
　重要な意思決定を事業推進関係者だけのグループで秘密裡に議論すること。特に中立公正であるべきグループと事業推進グループだけで情報の共有や重要な決定を行う会議の存在が露見すると，その不公正さが非難の対象となる。こうした会議の記録やメモはしばしば秘匿され，後になってその存在を指摘されて，事態の紛糾の原因となる。

●やり玉
　特定の人を選び出し，避難や攻撃の対象とすること。つるし上げが話し合いの席で行われるようなことがあると，正常な議論は期待できない。

●つるし上げ
　集団が強圧的・威圧的な態度や言動によって，特定の人になんらかの欲求を認めさせたり，あるいは非を認めさせること。

●ごり押し
　自分の意見，意図などを強引に押し通すこと。特に権限をもつ人が多数の反対を押し切ること。

●黒塗り・白抜き資料
　個人情報に属するなどの理由で情報を秘匿する方法。わざわざ情報が秘匿されていることを示すことになる資料で，情報の不公正な隠匿への疑いから大きな批判の対象になる。

●ぼかし・カット
　映像資料や音声資料などに情報提供者が手を入れていることがわかる資料。

9. 社会的合意形成のリスクマネジメント

●デマ情報監視

　事業者が事業の推進に都合の悪い情報をチェックすること。しばしば，事業の推進に対して不正確な情報などが飛び交うのを懸念することが理由にされる。市民が多様な情報から正しい情報を見出す能力がないという前提に立つ。市民は，どんな情報であっても自分で判断する能力をもつ必要がある。

6　合意形成のステークホルダーに関するリスク

　合意形成に参加する多数の人びとは，その立場や職種によって，合意に至る道筋でトラブルをもたらす。これらは，ステークホルダーのもつリスクである。コンセンサス・コーディネータは，これらのステークホルダーの特質をあらかじめ予測し，合意形成の設計，運営，進行のそれぞれの場面で注意を払わなければならない。

●チーム崩壊

　プロジェクト・チーム内に意見の対立が生じること。プロジェクト・チームのメンバーは目標を共有し，その実現のために協力し合わなければならない。プロジェクト・チームが崩壊した場合は，プロジェクトを中止するか，あるいは，プロジェクト・チームの立て直しを行わなければならない。異動によってしかメンバーの交代が見込めないときは，チーム・メンバーは「死んだふり」をして，つぎの異動時期を待つしかない。

●引き継ぎ

　プロジェクト・メンバーの間にインタレストの相違が生じるときには，チーム内で内紛が起きる。社会基盤整備では，行政担当者の異動のためにメンバーが入れ替わることがある。長い時間と努力の結果，ある段階まで合意が形成された状態で着任した新任は，事情を正確に引き継いでいないと，それまでの苦労を認識せず不用意な発言をする。こうなると既存のメンバーとの間に溝がで

き，チームとしてのまとまりが失われる。引き継ぎは，事業全体の状況，それまでの事業の経緯，関係者との信頼関係，モチベーションの持続など，合意形成においてもっとも重要な課題である。

● **お役所仕事**

役所で通常見られる仕事のやり方。特に前例踏襲主義で，新たな事態については前例がないという理由で拒絶する。しかし合意形成では，前例のない選択肢が問題解決に資することも多い。前例踏襲は，創造的合意形成の構築にとって大きな障害となる。

● **「前例にありません」**

前例がないという理由で新たな取り組みを拒否すること。前例があっても，やりたくないと思っているときの決まり言葉。

● **異動待ち顔担当者**

任期が近づくと，嫌な仕事から抜け出せると思い，それが顔に出ている担当者。新たな仕事をやる気は起こらない。

● **マニュアル・シナリオ信奉者**

マニュアル通りにやらないと心配で仕方がない人びと。会議の進行の言葉まで事前に用意したり，挨拶をしたりするのにメモを見ないとできない担当者。

● **現場認識なし・経験なしのトップ**

現場で苦労している人びとに対して頭ごなしに理想論をふりかざし，叱責する人びと。現場では，認識の共有に対する失望感が事業の推進に対する阻害要因となる。

9. 社会的合意形成のリスクマネジメント

● 隠蔽体質

事業主体となる行政組織や企業などが，情報開示に対して消極的な姿勢をもつこと。また，そのような姿勢を市民やマスコミが批判するときに用いる言葉。透明で公正な事業は，こうした非難を受けないようにすることが必要である。

● 推進派だけ勉強会

事業を推進するために，事業の推進派だけを集めた勉強会。しばしば非公開，秘密会議で行われ，このことが露呈すると，後に大きな社会的非難の対象となる。国や地方自治体が事業主体の場合には，市民，国民に対する信頼を大きく損ねる。中立性，公正性，透明性という点で不適切であり，事業の推進にとっても阻害要因になる。

● 対策会議熱心役人

トラブルが起きると，対策を協議ばかりしている事業者。協議している間に反対する市民もまた戦略を練っていることに気づかない。事業者がもつべき時間意識の欠如から発生する。問題の先延ばしによって解決は遠のき，担当者の業務時間とコストだけが増大するが，担当者の給料は税金から払われ続ける。

● 弱腰担当窓口

対立のなかで市民に非難されることを恐れて，合意形成に積極的に向かわない行政担当者。あいまいな対応が事態の悪化を招くことが多い。

● 科学的・客観的データ信奉事業者

科学的・客観的データにもとづいていないと市民対応できないと考えている職員。あるいは，科学的・客観的データにもとづいて発言する有識者に最大限の敬意を払う人びと。人間社会とのつきあい方が下手な人に多い。

● 「検討させていただきます」・「参考にさせていただきます」
　なにも対応するつもりのないときの決まり文句。

● お膳立て
　話し合いの中身を開始以前にすべて用意しておくこと。議論は形式だけに終わり，会議はお墨つきを与えるだけということになる。

● 冷ややか様子見隣の部署
　市民対応で日曜や夜に地域で仕事をする職員の横で，「よくやるよ」と冷ややかに見ている隣の部署の職員。

● 指示待ちコンサル
　事業主体から委託を受けて仕事をするコンサルタントは，専門的な知識や技術の提供を行い，事業で重要な役割を果たすのであるが，談合への批判から一般競争入札が行われるようになった。そのため年度ごとの受注になり，異なったコンサルが事業に従事することになってしまうと，知識，情報，経験，熱意，モチベーションが継続できないという事態に陥る。

● 一般競争入札
　合意形成の事業に従事するコンサルタントは，一般競争入札によって突然交代になることがある。事業の引き継ぎがうまくいかず，市民との関係，事業へのモチベーションの維持などで困難な状況に陥ることがある。

● 科学的・客観的データ一点ばり学者
　地域社会の現実に疎く，なぜ問題が発生しているかについても無関心な人びと。

●住民・市民見下しエリート

市民はおろかで事業内容を理解できないと思い込んだり,あるいは,市民は反対するだけだと恐れおののいたりしている学者や担当者。市民に対する警戒心は市民からの信頼を拒絶し,対立を助長する。

●専門知識ふりかざし有識者

市民は素人だから専門的な知識をもっている自分たちの発言を信じるべきであると確信している有識者。

●恫喝学者

「あなたたちの意見を受け入れたら,あなたたちが責任をとるんですね」と脅して見せる学者。

●サイレント・マジョリティ

反対派から見ると,反対の声を上げていない多くの人びと。事業推進側から見ると,反対派の声に押されて,賛成の意見をいえない多くの人びと。どちらにしても,サイレント・マジョリティが議論に参加すると,それ以前の状況から事態が一変する可能性がある。そうした事態を回避するためには,プロジェクト開始時から「寝ている子を起こす」作業が不可欠である。

●市民代表詐称市民

一部の市民が「自分たちこそが市民の代表だ」と称して大きな声で発言すること。広く市民の参加を求めることが重要である。

●行政つるし上げ快楽派

公共事業に対する批判が口癖になっていて,話し合いに出てくると,必ず決まり文句を使わないと気がすまない人びと。

● 行政不信皮肉たらたら派
　創造的であるべき話し合いの場で，行政批判を皮肉でしか表現できない人びと。

● 行政的市民仮面
　市民の顔をして行政を代弁する人（市民の顔をした行政マン）。徹底的にオープンな話し合いを進めることで，こうした人びとに個人としての資格で発言するモチベーションを与えることができる。

● 政治的市民仮面
　議員でありながら，市民の立場で自説を主張する人，あるいは，市民のふりをして政党の論理をふりかざす人。議員は，本来ならば市民の話し合いの場での聞き手となり，政見形成の場として役立てるべきである。

● 途中参加プロセスどうでもいい派
　話し合いの途中で入ってきて，いいたいことだけをいって帰る人。

● 最後の最後に一発逆転表明派
　話し合いに最後まで参加しながら途中は発言せず，結論が出る直前になって議論をひっくり返す人。

● もぐらたたき
　保守的な地域社会では，新しい発想や目立つ活動は批判の対象になる。高齢者が支配力を握っている地域では，若者（40代から50代も含めて）が発言すると，高齢者に批判される。あるいは，女性の発言力や活動が抑えられている地域も存在する。ファシリテータ・チームは，地域に対する深い理解をもつために，地域の実情や人間関係などについてステークホルダー分析・インタレスト分析をしっかり行っておく。さらに，地域の歴史や特色などに対する情報の

収集と分析を積み重ねる。

●足の引っぱり合い

発言者の言葉尻をとらえて，非難の応酬をする人たち。

●責任回避代表者

意見を求められたとき，あるいは意思決定のとき，背後にひかえている組織や地域の人びとの批判を恐れて，責任をもった発言ができない気弱な代表者。

●頑固一徹自己主張派

同じ主張を何度も繰り返す人。ファシリテータは，二度同じことを語ったときマイクをとり，「あなたのおっしゃることは，こういうことですね」と三度目を繰り返し，その後の議論の展開を導く。こうすることによって議論の継続性と展開を確保する。

●マイクを握って離さない人

マイクを握ると与えられた時間以上に話し続ける人。同じことを何回も繰り返すことが多い。話し合いの場では，発言時間をあらかじめ決めておくことが有効である。このような人にもファシリテータは，同じことを二度繰り返したことを確認し，三度目になったときに言葉を引き取り，「あなたのおっしゃりたいことは，…ですね。わかりました」と確認して，つぎの議論に進むとよい。ファシリテータの技量が試される。

●ラウドスピーカー

実際に大きな声で威圧的に発言する人。特に批判的な発言を繰り返す人に多い。ファシリテータは，「ご発言は，…ということですね。わかりました。それでは，どのように解決すればよいか，ご提案いただけますか」と，提案型の発言を求めるとよい。ラウドスピーカーは，しばしば批判の対象を主語として

発言することが多い。批判的発言は、「あなたたちは…」という形をとるが、提案型発言は、「わたしは…と提案する」というように、発言者自身を主語にしなければならず、発言内容の責任は、発言者に帰属することが明言されるので、責任ある発言をしなければならない。ファシリテータの腕の見せどころである。

●ワークショップ症候群
　自分の思い通りのワークショップに出たことがないので、ワークショップ型の話し合いに対して深い懐疑心を抱いている人や「またワークショップか」といって出てきて批判的な言葉ばかりいう人、話し合いのあり方そのものやワークショップの方法について文句ばかりいう人、また、ワークショップの話し合いの効果に懐疑的だが、気になるので参加してかき回す人。あるいは、その精神状態をいう。

●いいっぱなし匿名希望者
　名前を名乗らずにすむ話し合いのときは勢いよく発言するが、氏名をはっきり示して発言しなければならないときには黙ってしまう人。傍聴席からの発言を許可すると、こういう人が発言する。傍聴席の発言であっても、氏名を聞いてから発言を許可し、記録もしっかりとるという態度を示すとよい。

●傍聴席外弁慶
　発言の責任を問われない傍聴席であれば意見をはっきりという人。ただ、建設的な発言よりも批判・非難の言葉が多い。発言者の氏名を明記するなど記録を残すような場では黙る。

●有力者べったり派・有力者顔色うかがい派
　有力者の発言を追認する発言に終始する人。あるいは、有力者の顔色をうかがいながら発言していることが顔に出ている人。責任をもって自分の意見を発

言できない人に対し，ファシリテータが発言する人の名前を呼び，だれの主張であるかを明言することによって，発言の所在を明確にする。そうすることで，自己の責任で発言できない人は黙るようになる。

● 素人専門家

勉強家の人。こうした人びとは，専門家，学識経験者との議論の場を多く設けることにより，きちんとした議論ができるようになる。

● 環境正義の味方

人間よりも魚や鳥の味方をする人びと。とかく人間に対する批判が強い。環境保護団体や地域でエコツーリズムに従事する人びとは，伝統的な集落の人びととの交流がうまくいかず，対立するケースもある。価値観の違いを克服するための話し合いの工夫が必要である。

● 定年後正義の味方

定年前には役職上事業に対する批判的な発言をひかえていたが，定年になったので自由に発言できるようになり，事業に対する批判的な言動をするようになった人。御用学者であった人が，定年後，学生の就職先の心配をしなくてすむようになったので，環境派正義の味方になり，突然，「魚の気持ちがわかるようになった」などという。

● 情報不足連呼派

「まだ隠しているんだろう」という批判の言葉が常套文句になっている人。事業者は，情報を小出しにしてはならない。小出しにするといつまでも情報の秘匿を疑われる。

● 潜在的因縁対立

表には出せない個人的なインタレストによって対立している人びと。同じ意

見のように見えるのに，いつまでも感情的に対立しているので，合意の道筋が見えにくい。公的な話し合いの場での発言の裏側に，感情的な怨恨や嫉妬が隠れていることがある。コンセンサス・コーディネータは，こうした感情的な背景についても考慮しておく必要がある。

● 嫉妬・羨望・怨恨

地域社会での合意形成の難敵中の難敵。同じ意見であっても，感情的な敵対心が根にあると，合意形成は難しい。

まちづくりへの積極的な気持ちはあるが，対抗者がいる場合に，対抗心が如実に表情に表れる。私的欲求にもとづいていながら，公共的と信じる発言をすることで，地域のためになっていると思っている人の内面に潜む感情。

● 五重苦

市民活動の多くはボランティアあるいはボランティア的活動が多いため，本業に従事しながら活動をすることは「疲れる」し，同じことを継続することには「飽き」がくる。NPO創設当初は第一世代ががんばるが，その世代が20年，30年で高齢化する（「老いる」）。市民グループは継続的に活動するが，これを支援する行政担当者は，2, 3年で異動があるのでつねに変わってしまう。市民からは，「前任者はとてもよかったのに」という不満が出たりする（「変わる」）。他方，第一世代ががんばりすぎると，第二世代，第三世代は，第一世代の指示待ちになってしまう（「変わらない」）。市民活動をいつも待ち受けるのは，「疲れる」「飽きる」「老いる」「変わる」「変わらない」の「五重苦」である。市民主体の事業推進であっても，プロジェクトマネジメントによる事業推進は有効である。

7　マスコミ・情報リスク

マスコミの報道は，合意形成にとって非常に重要な課題である。コンセンサ

ス・コーディネータは，マスコミとの良好な関係を構築し，正確な報道に対して協力しなければならない。ただしマスコミは，事件を好むので，議論が沸騰すると，「議論は混乱した」とか「解決は先送りになった」というような見出しをつける。事業全体のなかの，どのような話し合いなのかという点についての情報を提供し，正確な記事を書くように求める。

● 事件お好みデスク

　派手な見出しで地域の紛争を誇張する新聞。いい話し合いはニュースにならないので，白熱したいい話し合いも「議論は紛糾し，結論は先送りになった」という記事に書きたがる。事態の正確な報道を期待するのであれば，プロジェクト・チームは，マスコミと情報をしっかりと共有する関係を構築しなければならない。

● 若手不勉強記者

　20代のかけ出し記者は取材で忙しく，事業全体について勉強する時間が少ない。そのため，問題をしっかり認識している記者かどうかを確かめ，もし事情を把握していないならば，正確な記事を書くための資料は過不足なく提供する。話し合いの後には，必ず記者発表・記者会見の場をつくり，複数の報道機関に平等に質疑の機会を与える。認識間違いや認識不足をもっている若手の記者には，しっかり情報の入手と勉強の機会をつくる。誤った記事に対しては，正しい情報を提供する（ただし，新聞が訂正記事を出すことはほとんどない）。

● シナリオ事前用意記者・想定記事持参記者

　はじめからトラブルを想定して記事の概略を用意し，厳しい話し合いの場面があることを確認しただけで記事を書く記者。こうした記者が担当している場合は，記者用に話し合いの趣旨を明確にした議論の概要を示しておくとよい。

付　　　録

付録 A．著者が従事した事業一覧

わたしが従事した事業は，下記の通りである（付図 1）。

【1】河川・海岸整備

1. 〈木津川上流住民対話集会〉　国土交通省淀川水系河川整備計画策定にかかわる木津川上流川上ダム建設問題をめぐる木津川上流住民対話集会。プロジェクト全体のコーディネータ，ファシリテータを務めた（2003 年 11 月〜2004 年 3 月）。

2. 〈城原川河川整備計画策定事業〉　国土交通省筑後川水系城原川ダムの建設をめぐる城原川流域委員会。合意形成担当の副委員長を務めた（2003 年 11 月〜2004 年 11 月）。

3. 〈天王川再生事業〉　新潟県による佐渡市天王川自然再生事業水辺づくり座談会。コーディネータ，ファシリテータを務めた（2008 年 3 月〜2011 年 3 月）。

4. 〈宮崎海岸侵食対策事業〉　国土交通省による宮崎海岸浸食対策事業でプロジェクト・アドバイザーを務めた（2008 年 9 月以降）。

5. 〈国頭村辺土名川再生事業〉　沖縄県国頭村辺土名川自然再生事業。プロジェクト・アドバイザーを務めた（2010 年 4 月〜2011 年 3 月）。

6. 〈神代川再生事業〉　宮崎県高千穂町を流れる神代川の文化的景観を含む再生事業。2003 年のワークショップ開催から 8 年後に宮崎県が事業に着手。現在「神代川まちづくり」として進行中（2011 年 4 月以降）。

7. 〈宇田川治水計画策定事業〉　鳥取県米子市を流れる宇田川の鳥取県によ

る宇田川治水計画策定事業。プロジェクト・コーディネータ，協議会委員長を務めた（2014年3月〜2015年4月）。

8. 〈清水港津波防災計画策定事業〉 静岡県による静岡市清水港の津波防災ライン策定事業。清水港海岸江尻・日の出地区防災対策検討委員会委員長を務めた（2014年5月〜2015年11月）。

【2】河川整備とまちづくり

9. 〈大橋川周辺まちづくり基本計画策定事業〉 島根県松江市を流れる斐伊川の一部，大橋川の治水と関係するまちづくり事業。国土交通省，島根県，松江市の三者による共同事業で，委員会委員，委員会座長，作業部会長，市民意見交換会ファシリテータなど，プロジェクト全体のコンセンサス・コーディネータを務めた（2005年11月〜2009年3月）。

【3】道路整備

10. 〈東京外かく環状道路建設問題〉 国土交通省東京外かく環状道路建設問題についてのシンポジウムのパネリストを務めた（2001年12月）。

11. 〈国頭村辺土名大通り整備事業〉 沖縄県国頭村辺土名大通り門づくりワークショップファシリテータ，みちがえるまちづくり事業でプロジェクト・アドバイザーを務めた（2008年10月〜2011年3月）。

12. 〈出雲大社神門通り整備事業〉 島根県と出雲市の共同で行った島根県出雲市出雲大社神門通り整備事業。プロジェクト全体の総合コーディネータを務めた（2010年7月〜2013年3月）。

【4】景観整備

13. 〈舌喰池景観整備事業〉 長野県上田市西塩田地区で西塩田地区住民主体のため池景観整備事業で プロジェクト・アドバイザーを務めた（2004年11月以降）。

【5】農村振興・農業基盤整備

14. 〈山ノ内町コモンズ創生事業〉 長野県と山ノ内町による「〈農業〉×〈観光〉×〈環境〉による地域づくりワークショップ」の指南役として，プロジェクト・アドバイザーおよびファシリテータを務めた（2004年11月

〜2006年3月）。

【6】森林整備

15. 〈国頭村森林地域ゾーニング計画策定事業〉 沖縄県国頭村による村独自の森林地域ゾーニング計画。プロジェクト全体のコーディネータ，委員会座長，住民意見交換会ファシリテータを務めた（2010年1月〜2011年3月）。

【7】自然再生事業

16. 〈トキの島再生プロジェクト〉 環境省自然環境総合推進費による佐渡島でのトキ野生復帰事業における合意形成。「トキと社会」チームによる社会的合意形成プロジェクトのリーダーを務めた（2007年4月〜2010年3月）。

【8】市民活動サポート

17. 〈日本のいい川・いい川づくりワークショップ〉 日本のいい川・いい川づくりワークショップ実行委員，選考委員などを務めた（2000年7月以降）。
18. 〈志賀高原自然再生活動〉 長野県志賀高原高天原の自然再生を行っているグループ，「やなぎらんの会」の支援（2004年4月以降）。
19. 〈行橋市姥が懐保全活動〉 福岡県行橋市沓尾海岸姥が懐保全活動の支援（2005年2月以降）。
20. 〈古賀市ふるさと見分け活動〉 福岡県古賀市での「ふるさと見分け」支援（2010年12月以降）。
21. 〈加茂湖再生活動〉 新潟県佐渡市の加茂湖再生活動を推進（2009年3月以降）。
22. 〈佐渡市福浦地区ふるさと見分け・ふるさと磨き活動〉「ふるさと見分け・ふるさと磨き」支援（2011年3月以降）。
23. 〈都城市ふるさと見分け・ふるさと磨き〉 宮崎県都城市の「ふるさと見分け」支援（2006年2月以降）。

24. 〈温泉津地区まちづくり〉 島根県大田市温泉津地区まちづくり支援（2015年1月以降）。

※図中の数字は，著者が従事した事業一覧の通し番号に対応している。

付図1 本書で言及した著者の従事した事業

付録 B．一般社団法人コンセンサス・コーディネーターズの仕事

　本書で述べた社会的合意形成のプロジェクトマネジメント技術を社会実装するために，著者は，2014年8月に一般社団法人コンセンサス・コーディネーターズ（CCS）を設立した．以下は，その発足時の定款の一部である．CCSは，本書の思想と技術の社会還元を図り，またその妥当性を検証し，改善するための機関である．

　一般社団法人コンセンサス・コーディネーターズ（CCS）は，社会的合意形成技術およびプロジェクトマネジメント技術を用いて，社会基盤整備をはじめとする国づくり・地域づくりを円滑に進めることで，よりよい社会を実現するために，つぎの事業を行う．
① 社会的合意形成技術およびプロジェクトマネジメント技術による社会基盤整備を含む国づくり・地域づくりのコーディネート
② 社会的合意形成技術およびプロジェクトマネジメント技術による各種プロジェクトの設計，運営，進行
③ 社会的合意形成技術およびプロジェクトマネジメント技術による各種プロジェクトの設計・運営・進行についてのアドバイス
④ 社会的合意形成技術およびプロジェクトマネジメント技術の普及・教育
⑤ 上記手法を用いた国づくり・地域づくり支援
⑥ そのほか上に掲げる事業に附帯または関連する事業

CCSの仕事にはつぎのようなことが含まれる．
・社会的な合意形成を必要とする国づくり・地域づくりの対象地域について，空間の価値構造分析を行う．空間の価値構造分析は，国づくり・地域づくりの基礎となる．
・社会的合意形成に必要なステークホルダー分析・インタレスト分析を行う．

- ステークホルダー分析・インタレスト分析にもとづき，克服すべき対立・紛争構造の分析，すなわちコンフリクト・アセスメントを行う．
- 対立，紛争を回避し，あるいは，よりよい解決を実現するための社会的合意形成プロセスのデザインを行う．このプロセスのデザインは，プロジェクトとしての社会的合意形成のマネジメントに含まれる．
- 社会基盤整備事業での社会基盤整備であれば，プロジェクトとしての社会基盤整備とプロジェクトとしての社会的合意形成を組み合わせた統合的プロジェクトマネジメントが必要となる．CCSはこの統合的プロジェクトのコーディネートを行う．
- 社会的合意形成プロジェクトのコーディネートには，プロジェクトの各種要素の設計，運営，進行が含まれる．
- 社会的合意形成のためのプロジェクト・チームの組織編成や教育，研修を行う．
- ドキュメンテーションの作成あるいは作成のための指導を行う．
- 社会的合意形成プロジェクトに含まれるワークショップの企画，運営，進行を行う．またワークショップ技術の教育，研修を行う．
- そのほか，社会的合意形成技術とプロジェクトマネジメント技術の適用が必要な事業について，コーディネートやアドバイス，関係者の教育，研修を行う．

参 考 文 献

1) 猪原健弘 編：合意形成学，勁草書房（2001）
2) 桑子敏雄：環境の哲学，講談社（1999）
3) 桑子敏雄：空間の履歴，東信堂（2007）
4) 桑子敏雄：風景のなかの環境哲学，岩波書店（2013）
5) 桑子敏雄：生命と風景の哲学，岩波書店（2013）
6) 桑子敏雄：社会基盤整備における社会的合意形成　海岸，48(2), pp.36-42（2008）
7) 倉野憲司：古事記，岩波書店（1963）
8) ジョン・P・コッター：リーダーシップ論，ダイヤモンド社（1999）
9) 坂本太郎，家永三郎，井上光貞，大野　晋 校注：日本書紀（一）〜（五），岩波書店（1994〜1995）
10) 聖徳太子 著，瀧藤尊教，田村晃祐，早島鏡正 訳：法華義疏(抄)・十七条憲法（中公クラシックス），中央公論社（2007）
11) ローレンス・E・サスカインド，ジェフリー・L・クルックシャンク：コンセンサス・ビルディング入門　公共政策の交渉と合意形成の進め方，有斐閣（2008）
12) 高田知紀：自然再生と合意形成，東信堂（2014）
13) 武田祐吉：風土記，岩波書店（1937）
14) 田中克行：中世の惣村と文書，山川出版社（1998）
15) 滋賀大学日本経済文化研究所 編：菅浦文書　滋賀大学日本経済研究所叢書第1冊，第8冊（1960）
16) ドラガン・ミロセビッチ：プロジェクトマネジメント・ツールボックス，鹿島出版会（2003）
17) 能登原伸二：プロジェクトマネジメント　現場マニュアル，日経BP社（2007）
18) 原科幸彦：市民参加と合意形成　都市と環境の計画づくり，学芸出版社（2005）
19) 福沢　恒：プロジェクトマネジメント，ダイヤモンド社（2000）
20) 吉武久美子：医療倫理と合意形成―治療・ケアの現場での意思決定，東信堂（2007）
21) 和田仁孝 編：ADR　理論と実践，有斐閣（2007）
22) Bennett F. L.：The Management of Construction, A Project Life Cycle Approach,

Butterworth Heinemann. (2003)
23) Drucker P.：Management, Harvard Business School Press. (2008)
24) Fewings P.：Construction Project Management, An Integrated Approach, Taylor & Francis. (2005)
25) Kewrzner, H.：Project Management, A Systems Approach to Planning, Scheduling, and Controlling, John Wiley & Sons, Inc. (2006)
26) Meredith J. P. and Mantel, Jr. S.：Project Management, a Managerial Approach, Fourth Edition, John Wiley and Sons. (2000)
27) Nicholas J.M. and Steyn H.：Project Management for Business, Engineering, and Technology, Principles and Practice, Elsevier (2008)
28) Project Management Institute：A Guide to the Project Management Body of Knowledge：PMBOK Guide, Project Management Institute. (2013)〔Project Management Institute：プロジェクトマネジメント知識体系ガイド（PMBOK ガイド）第5版，Project Management Institute. (2014)〕
29) Walker A.：Project Management in Construction, Blackwell Publishing. (2002)
30) Sidney L.M.：Project Management in Construction, Wiley-Blackwell (2007)
31) Susskind L.M., Mckearnan S., Thomas-Larmer J.：The Consensus Building Handbook, A Comprehensive Guide to Reaching Agreement, SAGE Publications, Inc. (1999)
32) Turner J. R.：The Handbook of Project—based Management, Leading Strategic Change in Organizations, McGraw Hill (1999)
33) Walker A.：Project Management in Construction, Blackwell Publishing (1984)

おわりに

　わたしが公共事業の現場に呼ばれるようになったのは，1999年12月に講談社から『環境の哲学―日本の思想を現代に活かす―』を出版したことがきっかけである．省庁再編が2001年度から予定されるなか，旧建設省は，国土交通省の発足に向けて，新世紀の社会基盤整備の新たな理念を模索していた．建設省の広報誌『建設月報』の2000年4月号と9月号に新世紀の社会基盤整備への提言の執筆を求められたのは，そうした時代の転機であった．

　新たな装いのもとに2001年にスタートした国土交通省は，21世紀型の成熟社会における基盤整備の理念を示す必要性を感じていた．2002年に，わたしは，国土交通省大臣官房から公共事業のアカウンタビリティについて意見を求められた．そのなかで，社会基盤整備にとって重要なのは，広く社会に開かれた話し合いの場を基盤とする不特定多数を対象とした合意形成を実現することであると述べた．その意見は，国土交通省が発表した「公共事業のアカウンタビリティについて」という政策方針に盛り込まれている．

　その後わたしは，国土交通省，農林水産省，環境省，地方自治体に意見を求められ，また当事者として紛争解決にあたることを依頼された．日本各地の社会基盤整備事業が直面する対立，紛争のなかに入り，トラブルを抱える事業者から依頼され，そのトラブルを解決するための当事者として，さまざまな経験を積むとともに，理論的な研究をも積み上げてきた．

　ある場合には，プロジェクトのコーディネータあるいはアドバイザーとして，話し合いによる合意形成プロセスをデザインし，その過程をマネジメントしつつ，紛争を解決し，よりよい事業にするための活動に従事した．また，あるときはファシリテータとして，厳しい話し合いの進行に携わった．

　特に本書の中心に位置する社会的合意形成とプロジェクトマネジメントの統

合というアイデアは，国土交通省出雲河川事務所，島根県，松江市の行政三者による共同事業である斐伊川水系大橋川周辺まちづくり基本計画策定事業に従事している最中に着想を得たものである．このアイデアは，その後国土交通省宮崎河川国道事務所による宮崎海岸侵食対策事業で，実際の事業において具体的に展開するとともに，理論的考察を深めることができた．

　現実に起きている問題を解決するための当事者としてかかわる場合に，わたしは，中立公正な立場に立つことを心がけた．というよりも，実際わたしが招かれた多くの事業は，潜在的・顕在的な対立，紛争をもつ事業がほとんどであり，事業を推進する主体（多くは国や地方自治体）は，わたしに中立公正であることを求めたのである．すなわち，わたしは事業に従事する当初から対立する関係者全体に信頼されるような立場をとることになった．いわゆる御用学者ではなかったのである．

　わたしのかかわった多くの事業をふり返ってみると，わたしの役割は，合意形成をコーディネートすることであった．この役割に名前を与えてみると，「コンセンサス・コーディネータ」とするのが適当であるように思われる．

　こうした研究活動および実践活動の蓄積をふまえて，そのノウハウを社会還元するための組織，一般社団法人コンセンサス・コーディネーターズを2014年に設立し，社会的合意形成のプロジェクトマネジメント技術を社会に広く普及する公共的な活動を開始することができた．

　わたしのかかわった事業には，ダムや道路の建設，海岸侵食対策事業など巨大公共事業もあるが，小規模な地域づくりのアドバイスの経験も積んでいる．こうした地域づくりのノウハウは，社会的合意形成のプロジェクトマネジメント技術のいわば簡略版として，「ふるさと見分け・ふるさと磨き」の方法に組み込んである．本書は，そうした地域づくりの方法としても参考になるように書かれている．

　わたしは，こうしたさまざまな現場で社会的合意形成の経験を積んできたが，本書でもっとも主張したいことの一つは，対立の深い問題での合意形成を推進することは非常に難しく，さまざまな工夫と努力が必要だということであ

る。このことは，合意形成マネジメントに携わるには，高度な技術が求められるということを意味している。

特に注意すべき点は，トラブルが解決して再び事業が進みはじめたとき，あるいは事業が終了したとき，事業報告書には，対立と紛争についての記述は記載されないことが多いということである。なぜなら，事業にトラブルが生じたことを文書にすることは，事業推進の当事者の対応のまずさや地域社会のトラウマを記録に残すことになるからである。

それだけでなく，トラブルを解決するために努力した合意形成マネジメント技術者の活動も記録されないか，事業が終了した段階で関係者の記憶から失われてしまう。特に公共事業では，事業主体となって従事する公務員は，通常2,3年で異動があり，引き継ぎも十分になされないために，トラブルへの対応の経験は途切れてしまうのである。わたしが特に問題だと思うのは，トラブルの解決に用いたさまざまな技術や工夫が合意形成の技術者のみに属し，そのほかの関係者に共有されないことである。あるいは，トラブルが解決したときには技術者の活動が評価されるが，事業の終了時またはそれ以降まで評価が維持されないということである。さらに，合意形成の技術をうまく使うことができるほど紛争の可能性が低くなるので，その技術の行使が評価されないことも問題である。要するに，合意形成の技術者は，その重要性にもかかわらず評価されることが少なく，評価の社会的なしくみも整備されていないのが実情である。

本書の内容は，すでに述べたように，わたしが21世紀に入ってから十数年にわたってさまざまな事業の当事者として経験したことをベースにしている。その過程でお世話になった国土交通省，農林水産省，環境省，新潟県，島根県，宮崎県，鳥取県，佐渡市，松江市，出雲市，米子市，宮崎市，都城市，山ノ内町，国頭村の関係者の方々，行橋市，松戸市で環境保全活動をしている市民のみなさんには，深くお礼を申し上げたい。

また，本書には，東京工業大学大学院社会理工学研究科価値システム専攻の教員として行った学部の授業「社会的合意形成の技法」および価値システム専

攻開設の「社会的合意形成の理論と技術」「合意形成学」での学生諸君との討議が反映されている。特に桑子研究室の学生諸君との討議は，本書の執筆過程でも重要な役割を果たした。専攻の先生方とスタッフにもお世話になった。また，中央大学大学院工学研究科においても講義を行い，学生諸君からの貴重な意見を本書の内容に反映することができた。

本書の整理の過程で，日本学術振興会科学研究費補助金，日本学術振興会科学研究費人文社会科学進行プロジェクト，環境省自然環境総合推進費，科学技術振興機構社会技術研究センターからの助成による研究成果を活用した。ここに感謝の意を表したい。

本書の出版については，コロナ社には感謝の言葉が見当たらない。約束の期間を大幅に超過しても本書の完成を待ってくださった忍耐と激励がなければ，本書が世に出ることはなかったであろう。心からのお礼を申し上げたい。

「地を這う哲学者」と揶揄されつつも，現場に出向いて実践的な活動を行うことで留守がちであったために，妻の澄子にはたいへんな迷惑をかけた。彼女の忍耐がなければ，本書の完成はなかったであろう。ここに感謝を記しておきたい。

なお，本書には著者の思い誤りや表現の不足も含まれているかもしれない。また，本書に含めることのできなかった項目はまだたくさんある。すべて著者の責任である。読者からのご指摘をいただき，機会があれば，ぜひ改善していきたい。

本書によって，合意形成とプロジェクトマネジメントを統合した社会的合意形成のプロジェクトマネジメント技術という社会技術の必要性が広く認知され，この技術をもつ人びとが社会における重要な技術者として評価されて，その仕事が社会を支える大切なビジネスとなることを願っている。

索引

【あ】
アカウンタビリティ　　98, 106, 130
新しい公共　　130

【い】
委員会形式　　86
意見の理由　　73, 120
意思決定　　99
インタレスト　　16, 40, 74
インタレスト分析　　77

【か】
価値観　　128
環境劣化　　138
間接コミュニケーション　　89, 109
間接民主主義　　19

【き】
行基　　42
局面　　49
切り崩し　　3
記録係　　90

【く】
空間的協働行為　　107
空間の構造　　78
空間の履歴　　78

【け】
景観　　139
景観価値　　80
現場感覚　　3

【こ】
公開性　　133
幸福　　129
コミュニケーション管理　　94
コミュニケーション空間　　88
　　──のデザイン　　108
コンセンサス・コーディネータ　　38
コンフリクト・アセスメント　　25, 64, 77

【さ】
サイレント・マジョリティ　　45, 68
サインペン　　113
作業領域管理　　49, 63
サブ・ファシリテータ　　90
賛成派　　86

【し】
事業に対するモチベーション　　104
時限的　　31
資源枯渇　　138
実行可能な正義　　140
市民　　70
市民参加　　70
市民参画　　70
自由　　94
集会のプログラム　　90
十七条憲法　　6
住民　　70
住民対話集会木津川モデル　　81

住民どうしの話し合い　　92
熟議民主主義　　19
情報開示　　133
慎重派　　86
信頼関係　　104

【す】
推進派　　86
菅浦　　96
ステークホルダー　　12, 65
ステークホルダー分析　　77
ステージ　　50

【せ】
正義　　129, 133

【そ】
創造的なコミュニケーション　　107

【た】
代議制民主主義　　19
代替的紛争解決法　　6
段階　　50
談義所　　88

【ち】
知識と情報　　104
知識結　　42
中立公正　　127

【て】
定常業務　　31
手続きの公正さ・公平性　　133

【と】

凍結点	50
透明性	133
ドキュメンテーション	63
トレーサビリティ	97

【な】

ナワバリ意識	28

【に】

日常業務	31
日本神話	16

【は】

配分の正義	138
発言機会や発言時間の配分の公平性	133
話し合いの会場	106
話し合いの場の運営	41
話し合いの場の進行	41
話し合いの場の設計	41
話し合いのルール	92
話し合いを促進するための道具	111
反対派	86

【ひ】

人びとの関心・懸念	78

【ふ】

ファシリテータ	8, 90
ファシリテータ・チーム	90
フィールドワーク	113
フェーズ	49
不幸	129
付箋	112
フリーズポイント	50, 105
ふるさと見分け	77
プロジェクト	32
プロジェクトマネジメント	32
プロジェクトマネジメント・チーム	41
プロジェクト・リーダー	41
プロジェクトマネジメント会議	58
紛争回避	5

【ほ】

法令の遵守	133

【ま】

マスコミ対応	96

【み】

宮崎海岸トライアングル	44

【も】

模型	110

【や】

やらせ	136

【ゆ】

有期的	31
ユニーク	31

【ら】

ライフサイクル	104
ライフヒストリー	60, 75
ラウドスピーカー	37, 126

【り】

リーダーのもつべき資質	57
理由の由来	75, 120
倫理	128

【る】

ルーチンワーク	31

【わ】

ワークショップ形式	87
ワークショップの三種の神器	112
和を以って尊しとなす	6

【英語】

ADR	6
NIMBY	40, 139

―― 著者略歴 ――

現在　一般社団法人コンセンサス・コーディネーターズ代表理事

1975 年	東京大学文学部哲学科卒業
1980 年	東京大学大学院博士課程単位取得退学
	（哲学専攻）
1981 年	南山大学講師
1984 年	南山大学助教授
1989 年	東京工業大学助教授
1994 年	博士（文学）（東京大学）
1996 年	東京工業大学大学院教授
2002 年	フランス国立社会科学高等研究院客員教授
〜03 年	
2014 年	一般社団法人コンセンサス・コーディネーターズを設立
2017 年	東京工業大学名誉教授

社会的合意形成のプロジェクトマネジメント
Project Management of Social Consensus Building

Ⓒ Toshio Kuwako 2016

2016 年 2 月 26 日　初版第 1 刷発行
2024 年 6 月 25 日　初版第 5 刷発行

検印省略	著　者	桑　子　敏　雄	
	発行者	株式会社　コ ロ ナ 社	
		代表者　牛来真也	
	印刷所	萩原印刷株式会社	
	製本所	有限会社　愛千製本所	

112-0011　東京都文京区千石 4-46-10
発行所　株式会社　コ ロ ナ 社
CORONA PUBLISHING CO., LTD.
Tokyo Japan
振替 00140-8-14844・電話(03)3941-3131(代)
ホームページ https://www.coronasha.co.jp

ISBN 978-4-339-05232-9　C3051　Printed in Japan　　　　　　　　　　(新井)

〈出版者著作権管理機構　委託出版物〉
本書の無断複製は著作権法上での例外を除き禁じられています。複製される場合は、そのつど事前に、出版者著作権管理機構（電話 03-5244-5088，FAX 03-5244-5089，e-mail: info@jcopy.or.jp）の許諾を得てください。

本書のコピー，スキャン，デジタル化等の無断複製・転載は著作権法上での例外を除き禁じられています。購入者以外の第三者による本書の電子データ化及び電子書籍化は，いかなる場合も認めていません。
落丁・乱丁はお取替えいたします。